传感器与自动检测技术研究

李　亚　著

U0253890

中国原子能出版社

图书在版编目（CIP）数据

传感器与自动检测技术研究/李亚著.--北京：
中国原子能出版社,2023.6

ISBN 978-7-5221-2749-1

Ⅰ.①传… Ⅱ.①李… Ⅲ.①传感器－研究②自动检
测－研究 Ⅳ.①TP212②TP274

中国国家版本馆 CIP 数据核字（2023）第 104051 号

传感器与自动检测技术研究

出版发行	中国原子能出版社（北京市海淀区阜成路 43 号　100048）	
责任编辑	王　蕾	
责任印刷	赵　明	
印　　刷	北京九州迅驰传媒文化有限公司	
经　　销	全国新华书店	
开　　本	787mm×1092mm　1/16	
印　　张	15.75	
字　　数	264 千字	
版　　次	2024 年 1 月第 1 版	2024 年 1 月第 1 次印刷
书　　号	ISBN 978-7-5221-2749-1	**定　价　68.00 元**

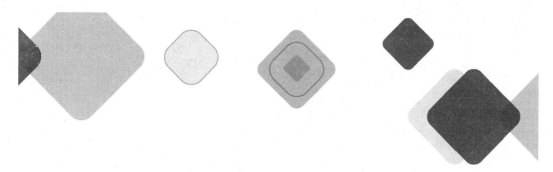

前　言

　　传感器技术是测量技术、半导体技术、计算机技术、信息处理技术、微电子学、材料科学等众多学科相互交叉的综合性和高新技术密集型前沿技术之一，是现代新技术革命和信息社会的关键技术，也是当代科学技术发展的一个重要标志，它与通信技术、计算机技术构成信息产业的三大支柱。国内外已将传感器技术列为优先发展的科技领域之一。

　　随着微型计算机及微电子技术在检测领域的广泛应用，传感器与检测技术在测量原理、准确度、灵敏度、可靠性、功能及自动化水平等方面都发生了巨大的变化。因此，掌握传感器及自动检测技术的工作原理，以及相关的新技术和设计方法是十分重要的。

　　本书系统地介绍了传感器的基础知识，包括基本概念、基本特性、技术性能指标及改善性能途径，传感器的标定和校准方法及传感器的发展和选用原则，并对传感器在日常生活和生产过程中的典型应用做了较系统的阐述。其次，以被测物理量为研究对象，全面地阐述了各种被测物理量的检测方法、对应传感器的工作原理和按工程实际选用传感器的原则，内容包括温度传感器及其检测技术、力与压力传感器及其检测技术、机械量传感器及其检测技术、流量传感器及其检测技术、物位传感器及其检测技术。最后阐述了半导体式化学传感器、生物传感器、智能传感器，以及无线传感器网络等新型传感器及其应用技术。

　　本书在编写过程中，参考了许多专家同行的文献和资料，在此谨致诚挚的谢意。

　　由于传感器与检测技术的发展日新月异，我们的认识和专业水平有限，书中不足和错误之处在所难免，敬请广大读者批评指正。

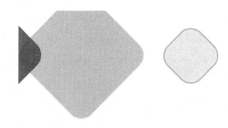

目　录

第一章　传感器概述 ·· 1
　第一节　传感器基础知识 ··· 1
　第二节　传感器的特性 ·· 16
　第三节　传感器的标定与选用 ·· 28

第二章　传感器的相关应用 ··· 39
　第一节　传感器与微机的接口技术 ····································· 39
　第二节　抗干扰技术 ··· 51
　第三节　传感器在生物医学中的应用 ··································· 62

第三章　温度传感器及其检测技术 ······································· 73
　第一节　接触式温度传感器及其检测技术 ······························ 73
　第二节　非接触式温度传感器及其检测技术 ···························· 95

第四章　压力传感器及其检测技术 ······································ 108
　第一节　力与压力的概述 ·· 108
　第二节　弹性压力传感器与压力检测 ·································· 113
　第三节　应变片式传感器及力与压力检测 ······························ 132

第五章　机械量传感器及其检测技术 ···································· 141
　第一节　位移传感器及其检测技术 ···································· 141
　第二节　厚度传感器及检测技术 ····································· 164

第六章　流量检测与物位检测 ·················· 175
　　第一节　流量检测 ·················· 175
　　第二节　物位检测 ·················· 197

第七章　新型传感器及其应用 ·················· 206
　　第一节　半导体式化学传感器 ·················· 206
　　第二节　生物传感器 ·················· 219
　　第三节　智能传感器 ·················· 227
　　第四节　无线传感器网络 ·················· 234

参考文献 ·················· 243

第一章

传感器概述

第一节　传感器基础知识

一、传感器的基础知识

（一）传感器的定义

国际电工委员会（IEC，International Electrotechnical Committee）将传感器定义为："传感器是测量系统中的一种首要部件，它将输入变量转换成可供测量的信号。"

根据我国 2005 年 7 月 29 日发布的国家标准《传感器通用术语》（GB/T 7665－2005），传感器的定义为：能感受被测量并按照一定的规律转换成可用输出信号的器件或装置，通常由敏感元件和转换元件组成。该标准中，同时附有如下三条注释。

注①：敏感元件是指传感器中能直接感受或响应被测量的部分。

注②：转换元件是指传感器中能将敏感元件感受或响应的被测量转换成适于传输或测量的电信号部分。

注③：当输出为规定的标准信号时，则称为变送器。

根据这一定义和注释，可获得关于传感器以下方面的信息：①传感器是一种"器件或装置"，它能完成检测任务。②它的输入量是某一"被测量"，可能是物理量，也可能是化学量、生物量等。③它的输出量是"可用"的信号，便于传输、转换、处理和显示等，这种信号是易于处理的电物理量，如电压、电流、频率等。④输出输入之间的对应关系应具有"一定的规律"，且应有一定的精确程度，可以用确定的数学模型来描述。⑤将传感器和变送器的概念明确区分开来，当传感器的输出为"规定的标准信号"时，称之为变送器。国家标准规定的标准信号，若以电流形式输出，为 4～20 mA；若以电压形式输出，为 1～5 V。

由传感器的定义可知，传感器的基本功能是感受被测量并实现信号的转换。因此，传感器总是处于仪器或检测系统的源头，主要功能是获取有用信息，对仪器或整个检测系统至关重要。

（二）传感器的组成

根据传感器的定义，传感器的基本组成包括敏感元件和转换元件，分别完成检测和转换两个基本功能；根据注释②，传感器的输出为电信号。通常又将传感器的基本组成进一步拆分为三个部分：敏感元件、转换元件（输出为电阻、电感、电容等电路参数）和转换电路（输出为电压、电流等电量）。由于传感器输出信号通常较弱，后续还需要信号调理电路，其作用是：①将输出信号进行放大和转换，使其更适合做进一步传输和处理；②转换成传感器的标准输出信号；③进行信号处理，如滤波、调制和解调、衰减、运算、数字化等。

（三）传感器的基础定律

传感器的共性就是利用物理定律或物质的物理、化学、生物特性，将非电量（如力、位移、速度、加速度等）信号输入转换成电量（如电压、电流等）信号输出。传感器之所以能正确地感知、转换和传递信息，是因为它遵循并利用了自然规律中的各种定律、法则和效应。

1. 守恒定律

守恒定律是自然科学中最重要的也是最基本的定律。某一种物理量，既不会自行产生，也不会自行消失，其总量守恒不变。守恒定律包括：能量守恒定律、动量守恒定律、电荷守恒定律、质量守恒定律、角动量守恒定律和信息守恒定律等。

（1）能量守恒定律

能量守恒定律可表述为：在自然界里任何与周围隔绝的物质系统（孤立系统）中，不论发生什么变化或过程，能量的形态虽然可以发生转换，但能量的总和恒保持不变。非孤立系统由于与外界可以通过做功或传递热量等方式发生能量交换，它的能量会有所改变，但增加或减少的能量值一定等于外界减少或增加的能量值。所以整体看来，能量之和仍然是不变的。能量守恒定律反映了能量不能创生或消灭，只能在各部分物质之间进行传递，或者从一种形态转换为另一种形态。

这一定律包括定性和定量两个方面，在性质上它确定了能量形式的可变性，在数值上肯定了自然界能量总和的守恒性。一种能量的减少，总是伴随某种能量的增加，一减一增，其数值相等。由于各种不同形式的运动（机械运动、热运动、电磁运动等）都具有相应的能量，因而这一定律是人类对自然现象长期观察和研究的经验总结。

（2）动量守恒定律

动量守恒定律可表述为：任何物质系统（包括质点）在不受外力作用或所受外力之和为零时，它的总动量保持不变。若所受外力之和不为零，但在某一方向上的分力之和为零时，则总动量在该方向的分量保持不变。

（3）电荷守恒定律

电荷守恒定律可表述为：在一个与外界不发生电荷交换的孤立系统中，所有正负电荷的代数和保持不变。也可表述为：电荷既不能被创造，也不能被消灭，只能从一个物体转移到另一个物体，或者从物体的一部分转移到另一部分，即在任何物理过程中电荷的代数和是守恒的。例如，两个中性物体互相摩擦，当一个物体带正电时，另一个物体必然带等量的负电。又如，一个电子与一个正电子在适当条件下相遇时，会发生湮灭而转化为两个光子，电子与正电子所带的电荷等量而异号，光子则不带电，所以在湮灭过程中，正负电荷的代数和依然不变。

利用守恒定律可以构成传感器，例如利用差压原理进行流量测量的传感器，其基本测量原理就是以能量守恒定律、伯努利方程和流量连续性方程为基础的。

2. 统计定律

统计定律是对大量偶然事件整体起作用的定律，表现了这些事物整体的本质和必然的联系。传感器的可靠度、失效率、故障率和寿命等指标都遵循统计定律。

3. 场的定律

所谓物理场，即相互作用场，是物质存在的两个基本形态之一，是指某一空间范围及其各种事物分布状况的总称。电场、磁场、引力场、光电磁场、声场、热场等都是物理场，而物理场是空间中存在的一种物理作用或效应，分布在引起它的场源体周围。实物之间的相互作用就是依靠有关的场来实现的。

场的定律，是关于物质作用的客观规律，结构型传感器主要遵循物理学中场的定律，如电磁场感应定律、光电磁场干涉现象、动力场的运动定律等，揭示了物体在空间排列和分布状态与某一时刻的作用有关。这些规律一般可用物理方程给出，即传感器工作的数学模型。传感器性能由定律决定而与所使用的材料无关。

例如，差动变压器式传感器是基于电磁感应定律工作的。铁芯可使用坡莫合金或铁氧体制成，绕组可使用铜线或其他导线制成；而传感器的形状、尺寸等参数决定了传感器的量程、灵敏度等性能。即传感器的工作原理是以传感器中元件相对位置的变化而引起场的变化为基础，而不是以材料的特性变化为基础。这种结构型传感器具有设计自由度较大、选择材料限制较小等优点，但一般体积较大不易集成。

4. 物质定律和传感器的基础效应

物质定律是表现各种物质本身内在性质的定律、法则、规律等，通常以物质所固有的物理常数或化学、生物特性加以描述，并决定着传感器的主要性能。物性型传感器是利用某些物质（如半导体、压电晶体、金属等）的性质随外界被测量的作用而发生变化的原理制成的，利用了诸多效应（包括物理效应、化学效应和生物效应）和现象，如利用材料的压阻、压电、湿敏、热敏、光敏、磁敏、气敏等效应，将位移、力、湿度、温度、光强、磁场、气体浓度等被测量转换成电量。

利用各种物质定律制成的物性型传感器，其性能随材料的不同而不同。

具有构造简单、体积小、无可动部件、反应快、灵敏度高、稳定性好和易集成等特点,是当代传感技术领域中具有广阔发展前景的传感器。而新原理、新效应的发现和利用,新型材料的开发和应用,使传感器得到很大发展,并逐步成为传感器发展的主流。因此,了解传感器所基于的各种效应,对传感器的深入理解、开发和使用是非常必要的。

(四)传感器的分类

传感器种类繁多,一种被测量可以采用不同类型的传感器进行测量,而同一原理的传感器通常又可以测量多种被测量。

1. 按照传感器的基本效应分类

按照传感器基于的基本效应,可将传感器分成三大类:基于物理效应(如光、电、声、磁、热效应等)的物理传感器;基于化学效应(如化学吸附、离子化学效应等)的化学传感器;基于生物效应(利用生物活性材料如酶、微生物、抗体、DNA、蛋白质、激素等分子作用和识别功能)的生物传感器。本书涉及的传感器主要是物理传感器。

2. 按照传感器的构成原理分类

按照构成原理,物理传感器可分为结构型传感器和物性型传感器两大类。

结构型传感器遵循物理学中场的定律,其工作原理是以传感器中元件相对位置变化引起场的变化为基础,而不是以材料特性变化为基础。如电容传感器是利用静电场定律制成的结构型传感器,其极板形状、距离等的变化均能改变电容传感器的性能。

物性型传感器遵循物质定律,其工作原理是以传感器中敏感材料的特性随被测量变化为基础。如压阻式压力传感器就是利用半导体材料的压阻效应制成的物性型传感器,即使是同一种半导体,如果掺杂的材料不同或掺杂的浓度不同,其压阻效应也不同。

3. 按照传感器的工作原理分类

按照传感器对信号转换的工作原理可将传感器分为以下几种。

①电路参量式传感器:包括电阻式、电感式、电容式三种基本形式,以及由此衍生出来的应变式、压阻式、电涡流式、压磁式、感应同步器式等。

②压电式传感器。

③磁电式传感器：包括磁电感应式、霍尔式、磁栅式等。

④光电式传感器：包括一般光电式、光栅式、光电码盘式、光纤式、激光式、红外式等。

⑤热电式传感器。

⑥波式传感器：包括超声波式、微波式等。

⑦射线式传感器。

⑧半导体式传感器。

⑨其他原理的传感器。

按照工作原理分类更有利于理解传感器的工作机理。本书传感器主要按照工作原理来分类。

4. 按照传感器的能量转换情况分类

按照能量转换情况，传感器可分为能量转换型传感器和能量控制型传感器。

能量转换型传感器又称发电型传感器，能将非电功率转换为电功率，传感器输入量的变化可直接引起能量的变化。如热电效应中的热电偶，当温度变化时，直接引起输出电动势的变化。能量转换型传感器由于输出能量是从被测对象上获取的，一般不需外部电源或外部电源只起辅助作用。所以又称自源型传感器，或称无源传感器。其后续信号调理电路通常是信号放大器。

能量控制型传感器在信息变化过程中，其变换的能量需要由外部电源供给，而外界的变化（即传感器输入量的变化）只起到控制的作用，所以又称外源型传感器，或有源传感器。例如，电桥中热敏电阻阻值的变化受外界温度变化的控制，而要使电桥的输出发生变化，必须有供电电源。有源传感器的信号转换电路通常是电桥或谐振电路。

5. 按照传感器的输入量（或被测量）分类

按照输入量，物理传感器可分为机械量、热学、电学、光学、声学、磁学、核辐射传感器等；化学传感器可分为气体、离子、湿度传感器等；生物传感器可分为生物、微生物、酶、组织、免疫传感器等。机械量传感器还可以继续细分为位移、速度、加速度、力、振动等传感器。

传感器按照输入量来分类，有利于用户有针对性地选择传感器，也便于表现传感器的功能。

6．按照传感器的应用对象（或应用范围）分类

按照传感器应用对象或应用范围加以分类直接体现了传感器的用途，如脉搏传感器、液位传感器、振动传感器等。

7．按照传感器的敏感材料分类

按照传感器敏感元件所使用的材料，传感器可分为半导体传感器、光纤传感器、陶瓷传感器、高分子材料传感器、复合材料传感器、智能材料传感器等。

8．按照传感器的输出信号形式分类

按照传感器输出信号的形式，传感器可分为模拟量传感器和数字量（开关量）传感器。

9．按照传感器与被测对象是否接触分类

根据传感器与被测对象之间是否接触（即有没有空间间隙），传感器可分为接触式传感器和非接触式传感器。

10．按照传感器与某种新技术结合的情况分类

根据传感器与某种新技术相结合的情况，可用新技术命名传感器。如集成传感器、智能传感器、机器人传感器、仿生传感器、纳米传感器、传感器网络等。

上述分类尽管有较大的概括性，但由于传感器是知识密集、技术密集的产品，传感器技术是与许多学科交叉的现代科学技术，种类繁多，各种分类方法都具有相对的合理性。从学习的角度来看，按传感器的工作原理分类，对理解传感器的工作机理很有利；而从使用的角度来看，按被测量分类，为正确选择传感器提供了方便。

二、传感器技术性能指标及改善途径

（一）传感器技术性能指标

由于传感器的应用范围十分广泛，原理与结构类型繁多，使用要求又千差万别，所以欲列出用来全面衡量传感器质量的统一指标是很困难的。表1－1列出了传感器的基本参数、环境参数、可靠性和其他四个方面的技术性能指

标，其中，若干基本参数指标和比较重要的环境参数指标经常作为检验、使用和评价传感器的依据。

表 1-1 传感器的技术性能指标

1. 基本参数指标	①量程指标：测量范围，过载能力等。 ②灵敏度指标：灵敏度，分辨力，分辨率，满量程输出等。 ③精度有关指标：精度（误差），重复性，线性，滞后，灵敏度误差，阈值，稳定性，漂移等。 ④动态性能指标：固有频率，阻尼系数，时间常数，频响范围，频率特性，临界频率，临界速度，稳定时间等。
2. 环境参数指标	①温度指标：工作温度范围，温度误差，温度漂移，温度系数，热滞后等。 ②抗冲击振动指标：容许抗各向冲击振动的频率、振幅、加速度，冲击振动引入的误差等。 ③其他环境参数：抗潮湿、抗介质腐蚀能力，抗电磁干扰能力（电磁兼容性 EMC）等。
3. 可靠性指标	工作寿命，平均无故障时间，失效率，保险期，疲劳性能，绝缘电阻，耐压，抗飞弧性能等。
4. 其他指标	①使用方面：供电方式（如直流，交流，频率及波形等），电压幅度与稳定性，功耗，输入/输出阻抗，各项分布参数等。 ②结构方面：外形尺寸，重量，壳体材质，结构特点等。 ③安装连接方面：安装方式，馈线，电缆等。

应该指出，对于某种具体的传感器而言，并不是全部指标都是必需的。要根据实际需要，保证传感器的主要指标，其余指标满足基本要求即可。

（二）改善传感器性能的技术途径

为改善传感器的性能，可采取下列技术途径。

1. 差动技术

差动技术是传感器普遍采用的技术，可显著减小温度变化、电源波动和外界干扰等对传感器精度的影响，可抵消共模误差、减小非线性误差、消除零位误差、提高灵敏度等。其原理如下。

设有一传感器，其输出 y 与输入 x 的对应关系为

$$y_1 = a_0 + a_1 x + a_2 x^2 + a_3 x^3 + a_4 x^4 + \cdots$$

$$(1-1)$$

式中：a_0 为零点输出；a_1 为灵敏度；a_2、a_3、a_4 为非线性项系数。

用另一只相同的传感器，但使其输入量符号相反（例如位移传感器使之反向移动），则输出为

$$y_2 = a_0 - a_1 x - a_2 x^2 - a_3 x^3 - a_4 x^4 - \cdots$$

$$(1-2)$$

两者相减，即

$$\Delta y = y_1 - y_2 = 2(a_1 x + a_3 x^3 + \cdots)$$

$$(1-3)$$

比较式（1—3）和式（1—1）可见：①灵敏度由小变为 $2a_1$，提高到两倍；②消除了零位输出 a_0，使曲线过原点；③消除了偶次非线性项，得到了对称于原点的相当宽的近似线性范围；④可以减小温度、电源、干扰等引起的共模误差。

2. 平均技术

利用平均技术可以减小测量时的随机误差。常用的平均技术有误差平均效应和数据平均处理。

（1）误差平均效应

利用 n 个传感器单元同时感受被测量，总输出为这些单元的输出之和。假如将每一个单元可能带来的误差 δ_0 均看作随机误差，根据误差理论，总的误差 Δ 将减小为

$$\Delta = \pm \delta_0 / \sqrt{n}$$

$$(1-4)$$

例如，当 $n=10$ 时，误差 Δ 可减小为 δ_0 的 31.6%；若 $n=500$，误差减小为 δ_0 的 4.5%。

误差平均效应在光栅、感应同步器、磁栅、容栅等传感器中都取得了明显的效果。在其他一些传感器中，误差平均效应对某些工艺性缺陷造成的误差同样能起到弥补作用。

（2）数据平均处理

如果将相同条件下的测量重复 n 次或进行 n 次采样，然后进行数据平均处理，随机误差也将减小 $\sqrt{n}$ 倍。对允许进行重复测量（或采样）的被测对象，都可以采用数据平均处理的方法减小随机误差。对于带有微机芯片的智能化传感器，实现起来尤为方便。

误差平均效应与数据平均处理的原理在设计和应用传感器时均可采纳。应用时，应将整个测量系统视作对象。常用的多点测量方案与多次采样平均

的方法，可减小随机误差，增加灵敏度，提高测量精度。

3. 零示法和微差法

利用零示法或微差法可以消除或减小系统误差。

①零示法可消除指示仪表不准而造成的误差。采用该方法时，被测量对指示仪表的作用与已知标准量对它的作用相互平衡，使指示仪表示零，这时被测量就等于已知的标准量。机械天平是零示法的典型例子；平衡电桥是零示法在传感器技术中的应用。

②微差法是在零示法的基础上发展起来的，零示法要求被测量与标准量完全相等，所以要求标准量能连续可变，这往往不易做到，但如果标准量与被测量的差值减小到一定程度，那么由于它们相互抵消的作用，就能使指示仪表的误差影响大大削弱，这就是微差法的原理。

设被测量为 x，与它相近的标准量为 B，被测量与标准量的微差为 A，A 的数值可由指示仪表读出，则 $x = B + A$。由于 $A \ll B$ 则

$$\frac{\Delta x}{x} = \frac{\Delta B}{x} + \frac{\Delta A}{x} = \frac{\Delta B}{A+B} + \frac{A}{x} \cdot \frac{\Delta A}{A} \approx \frac{\Delta B}{B} + \frac{A}{x} \frac{\Delta A}{A}$$

$$(1-5)$$

由此可见，采用微差法测量时，测量误差由标准量的相对误差 $\Delta B/B$ 和指示仪表的相对误差 $\Delta A/A$ 与相对微量 A/x 之积组成。由于 $A/x \ll 1$，指示仪表误差的影响将被大大削弱；而 $\Delta B/B$ 一般很小，所以测量的相对误差可大为减小。这种方法不需要标准量连续可调，还有可能在指示仪表上直接读出被测量的数值，因此得到广泛的应用。

4. 闭环技术

科技和生产的发展对传感器提出了更高要求：宽频响，大动态范围，高的灵敏度、分辨力和精度，高的稳定性、重复性和可靠性。开环传感器很难满足上述要求，利用反馈技术和传感器组成闭环反馈测量系统，将能满足上述要求，传感器和伺服放大电路是闭环系统的前向环节，反向传感器是反馈环节。闭环反馈测量系统的传递函数为

$$H(s) = \frac{A(s)}{1 + \beta A(s)}$$

$$(1-6)$$

式中：$A(s)$ 为前向环节的总传递函数；β 为反馈环节的反馈系数。

假设前向环节总的传递函数为

$$A\ (s)=\frac{A}{1+\tau s}$$

$$(1-7)$$

式中：A 为静态传递函数；τ 为时间常数。

则闭环系统的传递函数为

$$H\ (s)=\frac{A\ (s)}{1+\beta\cdot A\ (s)}=\frac{\overline{A+A\beta}}{1+s\cdot\dfrac{\tau}{1+A\beta}}=\frac{A'}{1+\tau' s}$$

$$(1-8)$$

式中：A' 为闭环静态函数，$A'=A/\ (1+A\beta)$；τ' 为闭环时间常数，$\tau'=\tau/\ (1+A\beta)$。

由此可见，闭环传感器具有以下特点：

①精度高、稳定性好。当前向环节为高增益，保证 $A\beta\gg1$ 时，则闭环静态传递函数（即静态灵敏度）$A'\approx1/\beta$，与前向环节无关。因此，前向环节增益的波动对闭环传感器的测量精度和稳定性影响很小，传感器的精度和稳定性主要取决于反向传感器的精度和稳定性。

②灵敏度高。闭环传感器工作于平衡状态，相对于初始平衡位置的偏离很小，外界干扰因素少，所以闭环传感器比一般传感器具有更低的阈值。

③线性好、量程大。由于相对初始位置的偏离很小，故反向传感器的非线性影响也很小，因此闭环传感器比一般传感器具有更宽的工作量程。

④动态性能好。闭环传感器时间常数 τ' 比开环时间常数 τ 减小了（1+$A\beta$）倍，即 $\tau'\ll\tau$，因此大大改善了闭环传感器的动态特性。

5. 屏蔽、隔离与干扰抑制

传感器大多安装在现场，而现场的条件往往较差，有时甚至极其恶劣。各种外界因素都会影响传感器的精度和性能。为了减小测量误差保证其原有性能，应设法削弱或消除外界因素对传感器的影响。其方法归纳起来有二：一是减小传感器对影响因素的灵敏度；二是降低外界因素对传感器的实际作用程度。

对于电磁干扰，可采用屏蔽（如电场屏蔽、电磁屏蔽和磁屏蔽等）和隔离措施，也可用滤波等方法抑制。对于温度、湿度、机械振动、气压、声压、辐射甚至气流等，可采用相应的隔离措施，如隔热、密封、隔振等，或者在变换成电量后通过对干扰信号的分离或抑制来减小其影响。在电路上还可采用滤波、加去耦电容和正确接地等措施。

6．补偿与修正技术

补偿与修正技术的运用主要针对两种情况：

①针对传感器本身的特性。对于传感器特性，可以找出误差的变化规律，或者测出其大小和方向，采用适当的方法加以补偿或修正。

②针对传感器的工作条件或外界环境。针对传感器工作条件或外界环境进行误差补偿也是提高传感器精度的有力技术措施。不少传感器对温度敏感，由温度变化引起的误差十分明显。为了解决这个问题，必要时可以控制温度，但控制温度的费用太高或现场不允许，而在传感器内引入温度误差补偿往往是可行的，这时应找出温度对测量值影响的规律，然后引入温度补偿措施。

补偿与修正可以利用电子线路（硬件）来解决，也可以采用微机通过软件来实现。

7．稳定性处理

传感器作为长期测量或反复使用的器件，其稳定性显得特别重要，其重要性甚至胜过精度指标，尤其是对那些很难或无法定期检定的场合。造成传感器性能不稳定的原因主要是：随着时间的推移和环境条件的变化，构成传感器的各种材料与元器件性能会发生变化。

为了提高传感器性能的稳定性，应对材料、元器件或传感器整体进行必要的稳定性处理。如对结构材料进行时效处理、冰冷处理；永磁材料的时间老化、温度老化、机械老化及交流稳磁处理；电气元件的老化筛选等。在使用传感器时，若测量要求较高，必要时也应对附加的调整元件、后续电路的关键器件进行老化处理。

三、传感器技术发展趋势

大规模集成电路、微纳加工、网络等技术的发展，为传感技术的发展奠定了基础。微电子、光电子、生物化学、信息处理等各学科、各种新技术的互相渗透和综合利用，可望研制出一批新颖、先进的传感器。预计到 2030 年，全球应用的传感器数量将突破 100 万亿个，人与自然环境将通过传感器紧密相连。通过在智能家居、智能医疗、智能交通、智能物流、智能环保、智能安防等物联网应用领域大显身手，传感器将为人们缔造真正的智能生活。

技术推动和需求牵引共同决定了未来传感器技术的发展趋势，突出表现在以下几个方面。

（一）开发新材料

材料是传感器（特别是物性型传感器）的重要基础。随着传感技术的发展，半导体材料、陶瓷材料、光导纤维、纳米材料、超导材料、智能材料等相继问世。随着研究的不断深入，未来将会开发出更多更新的传感器材料。这是传感技术发展的关键。

（二）发现新效应

传感器的工作原理基于各种效应和定律，由此启发人们进一步探索具有新效应的敏感功能材料，或发现已有材料的新现象，并以此研制具有新原理的新型传感器。这是传感技术发展的基础。

（三）发展微细加工技术

加工技术的微精细化在传感器的生产中占有越来越重要的地位。微机械加工技术是近年来随着集成电路工艺发展起来的加工技术，目前已越来越多地用于传感器制造工艺，如溅射、蒸镀、等离子体刻蚀、化学气相淀积、外延生长、扩散、光刻等中。利用各向异性腐蚀、牺牲层技术和LIGA（三维微细加工）工艺，可以制造出层与层之间有很大差别的三维微结构，包括可活动的膜片、悬臂梁、桥、凹槽、孔隙和锥体等。这些微结构与特殊用途的薄膜和高性能的集成电路相结合，已成功地用于制造各种微型传感器。越来越多的生产厂家将传感器作为一个工艺品来精雕细琢。这是发展高性能、多功能、低成本、小型化和微型化传感器的重要途径。

（四）提高性能指标

随着自动化生产程度的不断提高，要求传感器具有灵敏度高、精确度高、响应速度快、互换性好，以确保生产自动化的可靠性。目前，能生产万分之一以上精度传感器的厂家为数很少，其产量也远远不能满足要求。另外，研制高可靠性传感器有利于提高电子设备的抗干扰能力。而提高温度范围历来是大课题，大部分传感器的工作温度为−20℃～70℃；军用系统要求工作温度为−40 C～85℃；汽车、锅炉系统要求工作温度为−20℃～120℃；航天飞机和空间机器人等场合对传感器的温度要求更高。因此，宽温度范围传感器将很有前途。

（五）向微功耗及无源化发展

传感器一般都是由非电量向电量转化，工作时离不开电源，在野外现场或远离电网的地方，通常采用电池供电或太阳能供电。因此，开发微功耗或无源传感器是必然的发展方向，既可以节省能源，又可以提高系统寿命。

（六）集成化技术

集成化技术包括传感器与 IC 集成制造技术、多参量传感器集成制造技术，缩小了传感器体积，提高了抗干扰能力。采用敏感结构和检测电路的单芯片集成技术，能够避免多芯片组装时管脚引线引入的寄生效应，改善了器件性能。单芯片集成技术在改善器件性能的同时，还可以充分发挥 IC 技术可批量化、低成本生产的优势，成为传感器技术研究的主流方向之一。

（七）多传感器融合技术

由于单传感器不可避免地存在不确定性或偶然不确定性，缺乏全面性和鲁棒性，偶然的故障就会导致系统失效，多传感器集成与融合技术正是解决这一问题的良方。多个传感器不仅可以描述同一环境特征的多个冗余信息，而且可以描述不同的环境特征，具有冗余性、互补性、及时性和低成本性等特点。多传感器融合技术已经成为智能机器与系统领域的一个重要研究方向，它涉及信息科学的多个领域，是新一代智能信息技术的核心基础之一。从 20 世纪 80 年代初以军事领域的研究为开端，多传感器的集成与融合技术迅速扩展到各应用领域，如自动目标识别，自主车辆导航、遥感，生产过程监控，机器人，医疗应用等。

（八）智能化传感器

智能化传感器将传感器获取信息的基本功能与专用微处理器的信息分析、

处理功能紧密结合在一起，并具有诊断、数字双向通信等功能。由于微处理器具有强大的计算和逻辑判断功能，故可方便地对数据进行滤波、变换、校正补偿、存储记忆、输出标准化等；同时实现必要的自诊断、自检测、自校验及通信与控制等功能。智能化传感器由多个模块组成，包括微传感器、微处理器、微执行器和接口电路等，它们构成一个闭环微系统，通过数字接口与更高一级的计算机相连，利用专家系统的算法为传感器提供更好的校正与补偿。随着技术的不断发展，智能化传感器功能会更多，精度和可靠性会更高，优点会更突出，应用会更广泛。

（九）实现无线网络化

无线传感器网络是由大量无处不在的、具备无线通信与计算能力的微小传感器节点构成的自组织分布式网络系统，能根据环境自主完成指定任务的智能系统。它是涉及微传感器与微机械、通信、自动控制、人工智能等多学科的综合技术。大量的传感器通过网络构成分布式、智能化信息处理系统，以协同方式工作，能够从多个视角，以多种感知模式，对事件、现象和环境进行观察和分析，获得丰富的、高分辨率的信息，极大地增强了传感器的探测能力，是近几年传感器新的发展方向。无线传感器的应用已由军事领域扩展到反恐、防爆、环境监测、医疗保健、家居、商业、工业等众多领域，有广泛的应用前景。

（十）发展新型生物医学传感器

发展生物传感器、仿生传感器、柔性可穿戴传感器等新型生物医学传感器。

①生物传感器（biosensor）是一种对生物物质敏感并将其浓度转换为电信号进行检测的仪器，能够选择性地分辨特定的物质。在设计生物传感器时，选择适合于测定对象的识别功能物质，是极为重要的前提。这些识别功能物质通过识别过程可与被测目标结合成复合物，如抗体和抗原的结合，酶与基质的结合等。考虑所产生的复合物的特性，根据分子识别功能物质制备的敏感元件所引起的化学变化或物理变化去选择换能器，是研制高质量生物传感器的另一重要环节。生物传感器在食品工业、环境监测、发酵工业、基础医

学和临床医学等方面得到了高度重视和广泛应用。

②仿生传感器是生物医学和电子学、工程学相互渗透而发展起来的一种新型传感器。按照使用的介质可以分为：酶传感器、微生物传感器、细胞传感器和组织传感器等。仿生传感器是生物学理论发展的直接成果。虽然已经研制成功了许多仿生传感器，但其稳定性、再现性和可批量生产性明显不足，所以仿生传感器技术尚处于幼年期。不久的将来，模拟生物的嗅觉、味觉、听觉、触觉的仿生传感器将出现，有可能超过人类五官的功能，完善机器人的视觉、味觉、触觉和对目标进行操作的能力。

③柔性可穿戴传感器的研制，有望用于医疗诊断、人机交互与虚拟现实。

第二节　传感器的特性

一、传感器的静态特性

传感器的静态特性是指传感器在被测量处于稳定状态下的输出输入关系。理想传感器的输出—输入呈唯一线性对应关系，但由于内、外因素的影响，很难保证这种理想的对应关系。主要影响因素包括外在的影响因素和内在的误差因素。

外界影响诸如冲击、振动、环境温度的变化、电磁场的干扰、供电电源的波动等，这些因素都不可忽视，影响程度取决于传感器本身。可通过对传感器本身的改善来加以抑制，也可以对外界条件加以限制。内在影响因素包括线性度、迟滞、重复性、灵敏度、漂移、分辨率等诸多指标，这些影响测量精度的内在因素即代表了传感器的静态特性。

（一）线性度

线性度又称非线性误差，它是对传感器输出和输入是否保持理想比例关系的一种度量。理想传感器输出 y 与输入 x 呈唯一线性对应关系

$$y = a_0 + a_1 x$$

（1—9）

式中：a_1 为理论灵敏度，即直线的斜率；a_0 为零点输出，即传感器输入为零

时对应的输出值。该值也可为零，代表传感器零点输出为零，即传感器输出输入直线通过零点。

而实际传感器的输出－输入关系或多或少都存在非线性问题；在不考虑迟滞、蠕变、不稳定性等因素的情况下，其静态特性可用下列方程表示

$$y = a_0 + a_1 x + a_2 x^2 + \cdots + a_n x^n$$

$$(1-10)$$

式中：a_2，a_3，$\cdots$，a_n 为非线性项系数。各项系数不同，传感器输出－输入特性曲线的具体形式不同。

传感器输出－输入特性曲线可通过实际测试获得。在获得特性曲线后，为了后续标定和数据处理的方便，可采用多种方法（其中包括计算机硬件或软件补偿）进行线性化处理。一般来说，这些方法都比较复杂。在非线性误差不太大的情况下，可以采用直线拟合的方法来进行线性化处理。

在采用直线拟合线性化时，输出－输入标定曲线（即实测曲线）与其拟合直线之间的最大偏差，称为非线性误差或线性度。

非线性误差有绝对误差和相对误差两种表示方法。绝对误差为 $\pm \Delta L_{max}$，相对误差 γ_L 为

$$\gamma_L = \pm \frac{\Delta L_{max}}{y_{FS}} \times 100\%$$

$$(1-11)$$

式中：ΔL_{max} 为最大非线性偏差；y_{FS} 为满量程输出。

由此可见，非线性误差的大小是以一定的拟合直线为基准直线而得出来的。拟合直线不同，非线性误差也不同。所以，选择拟合直线的主要出发点，应是获得最小的非线性误差。另外，还应考虑使用和计算是否简便。常用的直线拟合方法有：①理论拟合；②过零旋转拟合；③端点拟合；④端点平移拟合；⑤最小二乘法拟合。

采用最小二乘法拟合，就是要拟合出一条基准直线，设该直线方程为

$$y = kx + b$$

$$(1-12)$$

若标定曲线实际测试点有 n 个，对应于第 i 个输入量 x_i 的输出量为 y_i，与拟合直线上相应值之间的残差为

$$\Delta_i = y_i - (kx_i + b)$$

$$(1-13)$$

最小二乘法拟合直线的原理是使拟合直线与传感器的实际特性曲线所对应残差的平方和 $\sum_{i=1}^{n} \Delta_i^2$ 为最小，也就是使 $\sum_{i=1}^{n} \Delta_i^2$ 对 k 和 b 的一阶偏导数为零，即

$$\frac{\partial}{\partial k}\sum \Delta_i^2 = 2\sum (y_i - kx_i - b)(-x_i) = 0$$

$$(1-14)$$

$$\frac{\partial}{\partial b}\sum \Delta_i^2 = 2\sum (y_i - kx_i - b)(-1) = 0$$

$$(1-15)$$

从而求出 k 和 b 的表达式为

$$k = \frac{n\sum x_i y_i - \sum x_i \sum y_i}{n\sum x_i^2 - (\sum x_i)^2}$$

$$(1-16)$$

$$b = \frac{\sum x_i^2 \sum y_i - \sum x_i \sum x_i y_i}{n\sum x_i^2 - (\sum x_i)^2}$$

$$(1-17)$$

将 k 和 b 代入式（1—12）即可得到拟合直线，然后按式（1—13）求出残差的最大值 Δ_{imax} 作为非线性误差。

（二）迟滞

传感器在正（输入量逐渐增大）、反（输入量逐渐减小）行程中输出—输入曲线不重合的现象称为迟滞。而用迟滞误差（又称回程误差）来反映这种不重合的程度。

选择一些测试点，在所选择的每一个输入信号中，传感器正行程及反行程中输出信号差值的最大者即迟滞误差。迟滞误差有绝对误差和相对误差两种表示方法。绝对误差为 $\pm \Delta H_{max}$，相对误差 γ_W 以 ΔH_{max} 与满量程输出之比的百分数表示，即

$$\gamma_W = \pm \frac{\Delta H_{max}}{y_{FS}} \times 100\%$$

$$(1-18)$$

式中：ΔH_{max} 为正反行程间输出的最大偏差值；y_{FS} 为满量程输出。

形成迟滞误差的因素包括传感器机械结构中存在的间隙、结构材料的形变及磁滞等。

（三）重复性

重复性是指传感器输入量按同一方向作全量程多次测试时所得输出—输入特性曲线不一致的现象。而用重复性误差来反映这种不一致的程度。

正行程的最大重复性偏差为 ΔR_{max2}，反行程的最大重复性偏差为 ΔR_{max1}，

取这两个偏差中的较大者为 ΔR_{max}。重复性误差有绝对误差和相对误差两种。绝对误差记为 $\pm\Delta R_{max}$，相对误差则用 ΔR_{max} 与满量程输出 y_{FS} 之比的百分数表示，即

$$\gamma_R = \frac{\pm\Delta R_{max}}{y_{FS}} \times 100\%$$

$$(1-19)$$

（四）灵敏度

灵敏度（这里指传感器的静态灵敏度）是传感器输出的变化量与引起该变化量的输入变化量 Δx 之比，即

$$k = \Delta y / \Delta x \qquad (1-20)$$

可见，灵敏度就是传感器输出输入曲线的斜率。当传感器具有线性特性时，灵敏度为常数；当传感器具有非线性特性时，灵敏度不为常数。以拟合直线作为其特性的传感器，也认为其灵敏度为常数，与输入量的大小无关。由于某种原因，会引起灵敏度变化，产生灵敏度误差。灵敏度误差同样有绝对误差和相对误差两种表示方法。绝对误差记为 $\pm\Delta k$，则相对误差 γ_s 表示为

$$\gamma_s = \pm\frac{\Delta k}{k} \times 100\%$$

$$(1-21)$$

通常情况下希望测试系统的灵敏度高，而且在满量程范围内是恒定的。因为灵敏度高，同样的输入会获得较大的输出。但灵敏度并不是越高越好，灵敏度过高会减小量程范围，同时也会使读数的稳定性变差，所以应根据实际情况合理选择。

（五）分辨力

当传感器的输入从非零的任意值缓慢增加时，只有在超过某一输入增量时，输出才发生可观测的变化。这个能检测到的最小的输入增量，称为传感器的分辨力。有些传感器，当输入量连续变化时，输出量只作阶跃变化，则分辨力就是输出量的每个阶跃高度所代表的输入量的大小。数字式传感器的分辨力，则是指能引起数字输出的末位数发生改变所对应的输入增量。分辨力用绝对值表示。而用绝对值与满量程的百分数表示时，称为分辨率。

阈值是传感器零点附近的分辨力。阈值还可称为灵敏度界限（灵敏限）

或门槛灵敏度、灵敏阈、失灵区、死区等。有的传感器在零点附近有严重的非线性，形成所谓"死区"，则将死区的大小作为阈值。在更多的情况下，阈值主要取决于传感器的噪声大小，因此，有的传感器只给出噪声电平。

（六）稳定性

稳定性是指传感器在相当长的工作时间内保持其性能的能力，因此稳定性又称长期稳定性。稳定性误差是指传感器在长时间工作情况下，输出量发生的变化。稳定性误差可以通过实验的方法获得：将传感器输出调至零或某一特定点，在室温下，经过规定的时间间隔，比如 8 小时、24 小时等，再读取输出值，两次输出值之差即稳定性误差的绝对误差表示方法，再除以满量程输出的百分数，即绝对误差表示方法。

（七）漂移

漂移是指在一定时间间隔内，传感器的输出存在着与被测输入量无关的、不需要的变化。漂移又包括时间漂移和温度漂移，简称时漂和温漂。时漂包括零点时漂和灵敏度时漂，温漂包括零点温漂和灵敏度温漂。时漂是指在规定的条件下，零点或灵敏度随时间有缓慢的变化；温漂是指由周围温度变化所引起的零点或灵敏度的变化。其中，零点时漂实际上就是长期稳定性。

漂移可通过实验方法测得，以测试某传感器零点温漂为例，将传感器置于一定温度（如 20℃）下，将输出调至零或某一特定点，使温度上升或下降一定的度数（比如上调 5℃），稳定后读取传感器输出值，前后两次输出值之差即零点温漂。

（八）抗干扰稳定性

抗干扰稳定性是指传感器对各种外界干扰的抵抗能力。如抗冲击和振动的能力、抗潮湿的能力、抗电磁干扰的能力等。评价这些能力比较复杂，一般不易给出数量概念，需要具体问题具体分析。

（九）静态误差

静态误差（亦称精度），是指传感器在其全量程内任一点的输出值与其理论值的偏离（或逼近）程度。静态误差是评价传感器静态特性的综合指标，它包括了上述的非线性误差、迟滞误差、重复性误差、灵敏度误差等，如果这几项误差是随机的、独立的、正态分布的，则静态误差可以表示为

$$\gamma = \pm \sqrt{\gamma_L^2 + \gamma_H^2 + \gamma_R^2 + \gamma_S^2}$$

$$(1-22)$$

如果灵敏度误差可以忽略，则可表示为

$$\gamma = \pm \sqrt{\gamma_L^2 + \gamma_H^2 + \gamma_R^2}$$

$$(1-23)$$

静态误差的通用求取方法为：将全部输出数据与拟合直线上对应值的残差，看成是随机分布，求出其标准偏差 σ，即

$$\sigma = \sqrt{\frac{1}{n-1}\sum_{i=1}^{n}(\Delta y_i)^2}$$

$$(1-24)$$

式中：Δy_i 为各测试点的残差；n 为测试点数。

取 $\sigma 2$ 或 3σ 值作为传感器的绝对静态误差

$$\Delta \gamma = \pm (2 \sim 3)\sigma$$

$$(1-25)$$

再除以满量程输出值的百分数作为传感器的相对静态误差

$$\Delta \gamma = \pm \frac{(2 \sim 3)\sigma}{y_{FS}} \times 100\%$$

$$(1-26)$$

二、传感器的动态特性

传感器的动态特性是指当传感器的输入量随时间动态变化时，其输出也随之变化的响应特性。很多传感器需要在动态条件下检测，被测量随时间变化的形式多种多样，只要输入量是时间的函数，则输出量也是时间的函数，其间的关系用动态特性来表征。在设计、使用传感器时，要根据动态性能要求与使用条件，选择合理的方案并确定合适的参数；确定合适的使用方法，同时对给定条件下的传感器的动态误差作出估计。

采用传感器测试动态量时，希望传感器输出量随时间的变化关系与输入量随时间的变化关系是一致的，不一致就说明存在动态误差。动态误差又分为稳态动态误差和暂态动态误差。稳态动态误差是指传感器输出量达到稳定状态后与理想输出量之间的差别。暂态动态误差是指当传感器输入量发生跃变时，输出量由一个稳态到另一个稳态过渡状态中的误差。

为了分析传感器的动态特性，首先要写出传感器的数学模型，求得其传递函数。大多数传感器在其工作点附近一定范围内，数学模型可用线性常数微分方程来表示

$$a_n \frac{d^n y}{dt^n} + a_{n-1} \frac{d^{n-1} y}{dt^{n-1}} + \cdots + a_1 \frac{dy}{dt} + a_0 y = b_m \frac{d^m x}{dt^m} + b_{m-1} \frac{d^{m-1} x}{dt^{m-1}} + \cdots + b_1 \frac{dx}{dt} + b_0 x$$

$$(1-27)$$

式中：各系数是由传感器结构参数决定的。

从时域变换到频域可获得传感器的传递函数

$$\frac{y\ (j\omega)}{x\ (j\omega)} = \frac{b_m\ (j\omega)^m + b_{m-1}\ (j\omega)^{m-1} + \cdots + b_1\ (j\omega)\ + b_0}{a_n\ (j\omega)^n + a_{n-1}\ (j\omega)^{n-1} + \cdots + a_1\ (j\omega)\ + a_0}$$

$$(1-28)$$

式中：$m \leqslant n$（由物理条件决定）。$n=0$ 为 0 阶；$n=1$ 为 1 阶；$n=2$ 为 2 阶为高阶。实际传感器以零阶、一阶、二阶居多，或由它们组合而成。

在研究传感器动态特性时，首先需要为传感器输入动态变量，由于传感器实际测试时的输入量是千变万化的，而且往往事先并不知道是何种信号。为研究简单起见，通常只根据规律性变化的输入来考察传感器的响应。复杂的周期输入信号可以分解为各种谐波，可用正弦周期输入信号来代替；瞬变输入可看作若干阶跃输入，可用阶跃输入代表。所以工程上通常采用输入"标准"信号函数的方法进行分析，并据此确立评定动态特性的指标。常用的"标准"信号函数是正弦函数与阶跃函数。

（一）传感器的频率响应特性

将各种频率不同而幅值相等的正弦信号输入传感器，其输出正弦信号的幅值、相位与频率之间的关系称为频率响应特性。频率响应特性又分为幅频特性和相频特性。

设传感器的输入为正弦信号 $x = A\sin\ (\omega t + \varphi_0)$，则传感器的输出也为正弦信号 $y = B\sin\ (\omega t + \varphi_1)$。而这两个正弦信号之间符合传感器的转换关系，即输出正弦信号等于输入正弦信号乘以传递函数

$$B\sin\ (\omega t + \varphi_1) = H\ (\omega)\ \cdot A\sin\ (\omega t + \varphi_0) = k\ (\omega)\ \cdot A\sin\ [\omega t + \varphi_0 + \varphi\ (\omega)\ ]$$

$$(1-29)$$

式（1—29）说明：相对于正弦输入信号而言，传感器输出的正弦信号，幅值

放大了 $k(\omega)$ 倍, 相位相差了 $\varphi(\omega)$。$k(\omega)=\dfrac{B}{A}$ 表示了输出量幅值与输入量幅值之比, 与静态灵敏度对应, 称为动态灵敏度。它是 ω 的函数, 称为幅—频特性。$\varphi(\omega)=\varphi_1-\varphi_0$ 表示输出量的相位超前输入量的角度, 也是 ω 的函数, 称为相—频特性。如果 $k(\omega)=$ 常量 K、$\varphi(\omega)=$ 常量 φ, 表明输出波形与输入波形精确得一致, 只是幅值放大了 K 倍、相位相差了 φ。$k(\omega)\neq$ 常量会引起幅值失真; $\varphi(\omega)$ 与 ω 之间的非线性会引起相位失真。

如果测试的目的是精确地测出输入波形, 那么 $k(\omega)$ 常量 K, $\varphi(\omega)=$ 常量 φ 这个条件完全可以满足要求; 但如果测试的结果用来作为反馈信号, 则该条件尚不充分。因为输出对输入时间的滞后可能破坏系统的稳定性, $\varphi(\omega)=0$ 才是理想的, 即没有延迟的实时信号才可以用于反馈。

由于实际传感器以零阶、一阶、二阶居多, 或由它们组合而成, 所以下面重点分析零阶、一阶、二阶传感器的频率响应特性。

1. 零阶传感器的频率响应特性

零阶传感器的微分方程和传递函数分别如式（1-30）和式（1-31）所示。式中, K 为静态灵敏度。

$$y=\frac{b_0}{a_0}x=Kx$$

$$(1-30)$$

$$\frac{y(s)}{x(s)}=\frac{b_0}{a_0}x=K$$

$$(1-31)$$

其幅频特性和相频特性分别为 $k(\omega)=K$, $\varphi(\omega)=0$。零阶传感器的输入量无论随时间怎么变化, 输出量的幅值总与输入量成确定的比例关系, 在时间上也无滞后。它是一种与频率无关的环节, 又称比例环节或无惯性环节。在实际应用中, 许多高阶系统在变化缓慢、频率不高的情况下, 都可以近似看作零阶环节。零阶传感器不仅可以精确地用于测量, 还可以将测量信号用于反馈控制。

2. 一阶传感器的频率响应特性

一阶传感器的微分方程为

$$a_1\frac{dy}{dt}+a_0y=b_0x$$

$$(1-32)$$

令时间常数 $\tau=a_1/a_0$，静态灵敏度 $K=b_0/a_0$，则传递函数和频率响应分别为

$$\frac{y\ (s)}{x\ (s)}=\frac{K}{\tau s+1}$$

$$(1-33)$$

$$\frac{y\ (j\omega)}{x\ (j\omega)}=\frac{K}{j\omega\tau+1}$$

$$(1-34)$$

幅频特性和相频特性分别为

$$k\ (\omega)\ =K/\sqrt{(\omega\tau)^2+1}$$

$$(1-35)$$

$$\varphi\ (\omega)\ =\arctan\ (-\omega\tau)$$

$$(1-36)$$

当 $\omega\tau\ll1$ 时，式（1-35）和式（1-36）变为：$k\ (\omega)\approx K$，$\varphi\ (\omega)\approx-\omega\tau$，即 $\varphi\ (\omega)\ /\omega\approx-\tau$。表明：输出波形与输入波形精确一致，只是幅值放大了 K 倍；输出量相对于输入量的滞后与 ω 无关。所以，一阶传感器满足 $\omega\tau\ll1$ 条件后可用于测量，但不能将测量信号用于反馈。

3. 二阶传感器的频率响应特性

二阶传感器的微分方程为

$$a_2\ \frac{d^2y}{dt^2}+a_1\ \frac{dy}{dt}+a_0y=b_0x$$

$$(1-37)$$

令 $K=b_0/a_0$ 为静态灵敏度；$\omega_n\sqrt{a_0/a_2}$ 为固有频率（也称自振角频率）；$\tau=\sqrt{a_2/a_0}$ 为时间常数（也是固有频率的倒数）；$\xi=a_1/(2\sqrt{a_0a_2})$ 为阻尼比，则传递函数和频率响应分别为

$$\frac{y\ (s)}{x\ (s)}=\frac{K}{\dfrac{s^2}{\omega_n^2}+\dfrac{2\zeta}{\omega_n}s+1}$$

$$(1-38)$$

$$\frac{y\ (j\omega)}{x\ (j\omega)}=\frac{K}{1-\left(\dfrac{\omega}{\omega_n}\right)^2+2\mathrm{j}\xi\dfrac{\omega}{\omega_n}}$$

$$(1-39)$$

幅频特性和相频特性分别为

$$A\ (\omega)\ =\frac{K}{\sqrt{\left[1-\left(\dfrac{\omega}{\omega_n}\right)^2\right]+\left[2\xi\dfrac{\omega}{\omega_n}\right]^2}}=\frac{K}{[1-\ (\omega\tau)^2]^2+\ (2\xi\omega\tau)^2}$$

$$(1-40)$$

$$\varphi(\omega) = -\arctan\frac{2\xi\omega/\omega_n}{1-(\omega/\omega_n)^2} = -\arctan\frac{2\xi\tau}{1-(\omega\tau)^2}$$

$$(1-41)$$

当 $\omega\tau=1$（即 $\omega=\omega_n$）时，输入信号频率和传感器本身的固有频率相等。

描述频率特性的主要指标有如下几种。

①截止频率、通频带和工作频带。幅频特性曲线超出确定的公差带所对应的频率，分别称为下限截止频率和上限截止频率。相应的频率区间称为传感器的通频带（或称带宽）。通常将对数幅频特性曲线上幅值衰减 3 dB 时所对应的频率范围作为通频带。对传感器而言，一般称幅值误差为±（2~5）%（或其他值）时所对应的频率范围为工作频带。

②固有频率和谐振频率。固有频率是在无阻尼时，传感器的自由振荡频率。幅频特性曲线在某一频率处有峰值，该工作频率即谐振频率 ω_r，表征了瞬态响应速度，其值越大响应速度越快。

③幅值频率误差和相位频率误差。当传感器对随时间变化的周期信号进行测量时，必须求出传感器所能测量周期信号的最高频率 ω_p，以保证在 ω_p 范围内，幅值频率误差不超过给定数值 δ；相位频率误差不超过给定数值 φ。

（二）传感器的阶跃响应特性

当给静止的传感器输入一个单位阶跃信号时，其输出信号称为阶跃响应特性。下面同样重点分析零阶、一阶、二阶传感器的阶跃响应特性。

1. 零阶传感器的阶跃响应特性

给静止的传感器输入一个单位阶跃信号 u（t）

$$u(t)\begin{cases}0 & t,,0\\1 & t>0\end{cases}$$

$$(1-42)$$

零阶传感器由于没有时间延迟，输入阶跃信号，输出 $y(t)$ 仍是阶跃信号，只是幅值放大了 K 倍

$$y(t)\begin{cases}0 & t,,0\\K & t>0\end{cases}$$

$$(1-43)$$

2. 一阶传感器的阶跃响应特性

当给一阶传感器输入一个单位阶跃信号时，其输出函数为

$$y = K \ (1 - e^{t/z})$$

$$\tag{1-44}$$

动态误差为

$$\gamma = \frac{K - K\left(1 - e^{\frac{-1}{r}}\right)}{K} = -e^{\frac{-1}{r}}$$

$$\tag{1-45}$$

τ 是指传感器输出值上升到稳态值 63.2% 所需要的时间。$t = 5\tau$ 时测量精度为 99.3%，动态误差 γ 为 -0.7%。所以给一阶传感器输入阶跃信号后，若在 $t > 5\tau$ 之后采样，可以认为输出已接近稳态，测量误差可忽略不计。反过来，也可以根据给定的允许稳态误差值，计算出所需的响应时间

$$t_w = -\tau \ln |\gamma|$$

$$\tag{1-46}$$

t_w 后读取传感器输出值，即可满足给定的测量精度要求。

综上所述，一阶环节的动态响应特性主要取决于时间常数 τ。τ 越小，阶跃响应越迅速。τ 的大小表示惯性的大小，故一阶环节又称为惯性环节。

3. 二阶传感器的阶跃响应特性

若对二阶传感器输入一单位阶跃信号，则式（1-39）变为

$$\left(\frac{1}{\omega_n^2}s^2 + \frac{2\zeta}{\omega_n}s + 1\right)y = K$$

$$\tag{1-47}$$

特征方程为

$$\frac{1}{\omega_n^2}s^2 + \frac{2\zeta}{\omega_n}s + 1 = 0$$

$$\tag{1-48}$$

两根分别为

$$\begin{cases} r_1 = (-\zeta + \sqrt{\zeta^2 - 1})\omega_n \\ r_2 = (-\zeta - \sqrt{\zeta^2 - 1})\omega_n \end{cases}$$

$$\tag{1-49}$$

当 $\zeta > 1$（过阻尼）时，完全没有过冲，也不产生振荡

$$y = K\left[1 - \frac{(\zeta + \sqrt{\zeta^2 - 1})}{2\sqrt{\zeta^2 - 1}}e^{(-\zeta + \sqrt{\zeta^2 - 1})\omega_n t} + \frac{(\zeta - \sqrt{\zeta^2 - 1})}{2\sqrt{\zeta^2 - 1}}e^{(-\zeta - \sqrt{\zeta^2 - 1})\omega_n t}\right]$$

$$\tag{1-50}$$

当 $\zeta = 1$（临界阻尼）时，即将起振

$$y = K \left[1 - (1 + \omega_n t) \, e^{-\omega_n t} \right]$$

$$(1-51)$$

当 $0 < \zeta < 1$（欠阻尼）时，产生衰减振荡

$$y = K \left[1 - \frac{e^{-\zeta_n t}}{\sqrt{1 - \zeta^2}} \sin(\sqrt{1 - \zeta^2} \, \omega_n t + \varphi) \right]$$

$$(1-52)$$

当 $\zeta = 0$（无阻尼）时，输出等幅振荡，此时振荡频率等于传感器的固有频率 ω_n

$$y = K \left[1 - \sin(\omega_n + \varphi) \right]$$

$$(1-53)$$

$\varphi = \arcsin \sqrt{1 - \zeta^2}$ 为衰减振荡相位差。

衡量二阶传感器阶跃响应特性，除了阻尼比 ζ 和固有频率 ω_n 这两个主要指标外，还包括下述一些指标：①上升时间 T_r。传感器输出值由稳态值的 10% 上升到 90% 所需的时间，有时也规定其他百分数。②延滞时间 T_d。传感器输出值达到稳态值的 50% 所需的时间。③响应时间 T_s。传感器输出值达到允许误差 $\pm\Delta\%$（如 $\pm 2\%$ 或 $\pm 5\%$）所经历的时间，或明确为"百分之 Δ 响应时间"。④峰值时间 T_m。传感器输出值超过稳态值，达到第一个峰值所需的时间。⑤超调量 δ_m。传感器输出值第一次超过稳态值之峰高，即 $\delta_m = y_{\max} - y_c$，或用相对值 $\delta = \left[(y_{\max} - y_c) / y_c \right] \times 100\%$ 表示。⑥衰减率 Ψ。传感器输出值相邻两个波峰（或波谷）高度下降的百分数，$\Psi = \left[(a_n - a_{n+2}) / a_n \right] \times 100\%$。⑦稳态误差 e_{ss}。无限长时间后传感器的稳态输出值与目标值之间偏差丸的相对值，$e_{ss} = \pm (\delta_{ss} / y_c) \times 100\%$。

上述时间参数均用于描述传感器输出值接近稳态所需要的时间，时间值越小，传感器越快接近稳态。对于二阶传感器而言，阶跃响应输出值应在 Ts 后采样，以满足测量精度的要求。

必须指出：实际传感器往往比上述简化的数学模型复杂得多。在这种情况下，通常不能直接给出其微分方程，但可以通过实验方法获得响应曲线上的特征值来表示其动态响应。对于近年来得到广泛重视和迅速发展的数字式传感器，其基本要求是不丢数，因此输入量变化的临界速度就成为衡量其动态响应特性的关键指标。故应从分析模拟环节的频率特性、细分电路的响应能力、逻辑电路的响应时间以及采样频率等方面着手，从中找出限制动态性

能的薄弱环节来研究并改善其动态特性。

第三节　传感器的标定与选用

一、传感器的标定与校准

《传感器通用术语》（GB/T 7665—2005）对校准（标定）（calibration）的术语规定如下：在规定的条件下，通过一定的试验方法记录相应的输入/输出数据，以确定传感器性能的过程。

传感器与所有的检测仪表一样，在设计、制造、装配后，都必须按照设计指标进行严格的一系列试验，以确定其实际性能指标。经过维修或使用一段时间后（我国计量法规定一般为 1 年），也必须对其主要技术指标进行校准试验，以检验它是否达到原设计指标，并最后确定其基本性能是否达到使用要求。通常，在明确输入输出对应关系的前提下，利用某种标准或标准器具对传感器进行标度的过程称为标定；而将传感器在使用过程中或储存后进行性能复测的过程称为校准。标定与校准的内容和方法基本上是相同的。

标定（校准）的基本方法是：利用标准设备产生已知的非电量（如标准力、压力、位移等）作为输入量，输入给待标定（校准）的传感器，建立传感器输出量与输入量之间的对应关系，然后将传感器的输出量与输入的标准量作比较，由此获得一系列标定（校准）数据或曲线，同时确定出不同使用条件下的误差关系。有时输入的标准量是利用另一标准传感器检测而得，这时的标定（校准）实质上是待标定（校准）传感器与标准传感器之间的比较，从而确定所标定传感器的误差范围以及性能是否合格。工程测量中的传感器标定（校准），应在与其使用条件相似的环境下进行。为获得高的标定（校准）精度，应将传感器（如压电式、电容式传感器等）及其配用的电缆、放大器等构成的测试系统一起标定（校准）。

对标定（校准）设备的要求如下：为了保证标定（校准）的精度，产生输入量的标准设备（或标准传感器）的精度应比待标定（校准）的传感器高一个数量级（至少要高 1/3 以上），并符合国家计量量值传递的规定。同时，量程范围应与被标定（校准）传感器的量程相当。性能稳定可靠，使用方便，能适应多种环境。

传感器标定（校准）系统的输入有静态输入和动态输入两种，因此，传感器的标定（校准）可分为静态标定（校准）和动态标定（校准）两种。由于各种传感器的原理、结构不相同，所以标定（校准）的方法也有一些差异。

二、传感器的静态标定

静态标定的目的是在静态标准条件下，即在没有加速度、振动、冲击（除非这些参数本身就是被测量），环境温度一般为（20±5）℃，相对湿度不大于 85%RH，气压为（101308±7988）Pa 等条件下，确定传感器（或传感系统）的静态特性指标，如线性度、灵敏度、迟滞和重复性等。

（一）静态标定系统的组成

传感器静态标定系统一般由三部分组成：①被测物理量标准发生器。如测力机、活塞压力计、恒温源等。②被测物理量标准测试系统。如标准力传感器、压力传感器、量块、标准热电偶等。③待标定传感器所配接的信号调理器、显示器和记录仪等。所配接仪器的精度应是已知的。

（二）静态特性标定的步骤

静态特性标定步骤为：①将传感器和测试仪器连接好，将传感器的全量程（测量范围）分成若干个等间距点，一般以传感器全量程的 10% 为间隔。②根据传感器量程分点的情况，由小到大、逐点递增地输入标准量值，并记录与各点输入值相对应的输出值。③将输入量值由大到小、逐点递减，同时记录与各点输入值相对应的输出值。④按②、③所述过程，对传感器进行正、反行程往复循环多次测试，将得到的输出/输入测试数据用表格的形式列出或画成曲线。⑤对测试数据进行必要的处理。根据处理结果确定传感器相关的静态特性指标。

（三）力传感器的静态标定

1. 所用的标定设备

（1）测力砝码

各种测力砝码是最简单的力标定设备。我国的基准测力装置是固定式基准测力机，是由一组在重力场中体现基准力值的直接加荷砝码（静重砝码）组成。杠杆式砝码测力标定装置是一种直接用砝码通过杠杆对待标定的传感器加力的标定装置。

（2）拉压式（环形）测力计

它由液压缸产生测力，测力计的弹性敏感元件为椭圆形钢环，环体受力后的变形量与作用力呈线性关系，用它或标准力传感器读取所施加的力值，有较高的精度。承压座受力后，测力环变形，顶杆推动杠杆向上移动，经杠杆放大后，由百分表读出测力环的变形量。此外，还有用光学显微镜读取测力环变形量的标准测力计。如果以光学干涉来测量标准测力环的变形，并用微机处理测量结果，则精度可更高。

2. 力传感器的静态标定方法

以应变式测力传感器的标定为例。标准力由测力机产生，高精度稳压源经精密电阻箱衰减后为传感器提供稳定的供电电压，其值由数字电压表 2 读取，传感器的输出电压由另一数字电压表 1 指示。

静态标定系统的关键在于被测非电量的标准发生器及标准测试系统。它由杠杆式砝码标定装置、液压式测力机或基准测力机产生标准力。标定时，将力传感器安放在标准测力设备上加载，将被标定传感器接入标准测量装置后，先超负荷加载 20 次以上，超载量为传感器额定负荷的 120%～150%，然后按额定负荷的 10%为间隔分成若干个等间距点，对传感器正行程加载和反行程卸载进行测试。这样，多次试验经微机处理，即可求得该传感器的全部静态特性，如线性度、灵敏度、迟滞和重复性等。

在无负荷条件下对传感器缓慢加温或降温一定的度数，则可测得传感器的温度稳定性和温度误差系数。对传感器或试验设备加上恒温罩，则可测得零点漂移。如施加额定负荷，当温度缓慢变化时，可测得灵敏度的温度系数。在温度恒定的条件下，加载若干小时，则可测得传感器的时间稳定性。

（四）温度传感器的静态标定

以工业热电偶的分度检定为例，按照热电偶的国家计量检定规程的规定介绍以下内容。

1. 所用的标定设备

（1）检定炉及配套的控温设备

在检定 300℃～1600℃温度范围的工业热电偶时，使用卧式检定炉和立式检定炉作为主要检定设备。控温设备应满足检定要求。

检定 300℃以下工业热电偶时，使用恒温油槽、恒温水槽和低温恒温槽作为检定设备。检定时的油槽温度变化不超过±0.1℃。

（2）多点转换开关

采用比较法检定工业用热电偶时，常常需要同时检定几支热电偶，因此需要在测量回路中连接多点转换开关。检定贵金属热电偶的多点转换开关寄生电势应不大于 $0.5\mu V$，检定廉金属热电偶的多点转换开关寄生电势应不大于 $1\mu V$。

使用多点转换开关时应当注意以下事项：①连接转换开关的导线应用单芯屏蔽线，以减小寄生电势，并要求从同一卷导线上截取。每对导线应从一根导线中间剪断，并将此端与热电偶连接。②多点转换开关的电刷与接点应浸入变压器油中，以保持温度恒定均匀。③多点转换开关安装或使用一段时间后，应逐点测量寄生电势，确定是否符合要求。

（3）电测仪表

检定工业用热电偶常用的电测仪表有直流电位差计和直流数字电压表。其最小分辨力不超过 $1\mu V$，测量误差不超过±0.02％。

如果选择直流电位差计，其准确度应不低于 0.02 级，最小步进值不大于 $1\mu V$。根据被检热电偶热电动势的大小来选择电位差计，所选电位差计既要保证能测量被检热电偶产生的最大热电动势，又要使电位差计的测量第Ⅰ盘得到利用。

如果选择直流数字电压表，需根据该数字电压表的允许误差计算公式计算出热电偶测量上限的绝对误差，与手动直流电位差计在同样测量值情况下的绝对误差进行比较。若数字电压表计算所得的绝对误差小于或等于电位差计的绝对误差，则该数字电压表可以代替直流电位差计作为热电偶的热电动势测量仪器；若算得的数字电压表的绝对误差大于直流电位差计的绝对误差，则不能使用该数字电压表。

(4) 其他设备

热电偶焊接装置、退火炉和通电退火装置，最小分度值为 0.1℃ 的 0℃～50℃ 水银温度计等。

2. 所用的标准器

检定 300℃～1600℃ 温度范围的工业热电偶，主要的标准器有：一等、二等标准铂铑 7－铂热电偶；一等、二等标准铂铑 13－铂热电偶；一等、二等标准铂铑 30－铂铑 6 热电偶等。检定 Ⅰ 级热电偶时，必须采用一等标准铂铑 7－铂热电偶。

检定 300℃ 以下热电偶可采用的标准器有：一 30℃～＋300℃ 二等标准水银温度计、二等标准铂电阻温度计、二等标准铜－康铜热电偶或同等精度的测温仪表。

3. 温度传感器的静态标定方法

以热电偶的分度为例，采用比较法标定，即利用高一级标准热电偶和被检热电偶放在同一温场中直接比较的一种检定方法。这种方法所用设备简单、操作方便，一次可以检定多支热电偶，而且能在任意温度下检定，是应用最广泛的一种检定方法。比较法标定又有双极法、同名极法和微差法几种检定方法。

三、传感器的动态标定

一些传感器除了静态特性必须满足要求外，动态特性也需要满足要求。因此，在完成静态标定和校准后还需要进行动态标定，以便确定传感器（或传感系统）的动态特性指标，如频率响应、时间常数、固有频率和阻尼比等。

传感器的动态特性标定，实质上就是向传感器输入一个"标准"动态信号，再根据传感器输出的响应信号，经分析计算、数据处理，确定其动态性能指标的具体数值。如一阶传感器只有一个参数，即时间常数 τ；二阶传感器则有两个参数，固有频率 ω_0 和阻尼比 ξ。

试验方法常常因传感器形式（电的，光的，机械的等）的不同而不同，但从原理上通常可分为阶跃信号响应法，正弦信号响应法，随机信号响应法和脉冲信号响应法等。为了便于比较和评价，对传感器进行动态标定时，常用的"标准"信号有两类：一是周期函数，如正弦波等；另一类是瞬变函数，如阶跃波等。

必须指出，标定系统中所用的标准设备的时间常数应比待标定传感器小得多，而固有频率则应高得多。这样，标准设备的动态误差才可以忽略不计。

（一）阶跃信号响应法

1. 确定一阶传感器时间常数

一阶传感器输出 y 与被测量 x 之间的关系 $a_1\dfrac{dy}{dx}+a_0y=b_0x$，当输入 x 是幅值为 A 的阶跃函数时，可以解得

$$y\,(t)\,=kA\left[1-e^{-\frac{t}{\tau}}\right]$$

$$(1-54)$$

式中：τ 为时间常数，$\tau=a_1/a_2$；k 为静态灵敏度，$k=b_0/a_0$。

对于一阶传感器，在测得的阶跃响应曲线上，通常取输出值达到其稳态值 63.2% 处所经过的时间作为其时间常数 τ。但这样确定的 τ 值实际上没有涉及响应的全过程，测量结果的可靠性仅仅取决于某些个别的瞬时值。而采用下述方法，可获得较为可靠的 τ 值。根据式（1—54）得

$$1-y\,(t)\,/\,(kA)\,=e^{-\frac{t}{\tau}}$$

令 $Z=-t/\tau$，可见 Z 与 t 呈线性关系，而且

$$Z=1n\,\left[1-y\,(t)\,/\,(kA)\,\right]$$

$$(1-55)$$

根据测得的输出信号 $y\,(t)$ 作出 $Z-t$ 曲线，则 $\tau=-\Delta t/\Delta Z$。这种方法考虑了瞬态响应的全过程，并可以根据 $Z-t$ 曲线与直线的拟合程度来判断传感器与一阶系统的符合程度。

2. 确定二阶传感器阻尼比 ζ 和固有频率 ω_b

二阶传感器一般都设计成 $\zeta=0.7\sim0.8$ 的典型欠阻尼系统，则测得传感器的单位阶跃响应输出曲线。在其上可以获得曲线振荡频率 ω_d、稳态值 $y\,(\infty)$、

最大过冲量 δ_m 及其发生的时间 T_m。而

$$\zeta = \sqrt{\frac{1}{1+\left[\pi / 1n\left(\delta_m / y\left(\infty\right)\right)\right]^2}}$$

(1—56)

$$\omega_n = \frac{\omega_d}{\sqrt{1-\zeta^2}} = \frac{\pi}{T_m\sqrt{1-\zeta^2}}$$

(1—57)

由上面两式可确定出 ζ 和 ω_n。

也可以利用任意两个过冲量来确定 ζ。设 n 为第 i 个过冲量 δ_{mi} 和第 $(i+n)$ 个过冲量 $\delta_{m(i+n)}$ 之间相隔的周期数（整数），它们分别对应的时间是 t_i 和 t_{i+n}，则 $t_{i+n} = t_i + (2\pi n) / \omega_d$。

令 $\delta_n = 1n\left(\delta_{mi} / \delta_{m(i+n)}\right)$，此时

$$\zeta = \sqrt{\frac{1}{1+4\pi^2 n^2 / \left[1n(\delta_{mi}/\delta_{m(i+n)})\right]^2}}$$

(1—58)

那么，从传感器阶跃响应曲线上，测取相隔 n 个周期的任意两个过冲量 δ_{mi} 和 $\delta_{m(i+n)}$，然后代入式（1—58）便可确定值。

由于该方法采用比值 $\delta_{mi}/\delta_{m(i+n)}$，因而消除了信号幅值不理想的影响。若传感器是精确的二阶系统，则取任何正整数 n 求得的 ζ 值都相同；反之，若 n 取不同值而获得不同的 ζ 值，就表明传感器不是线性二阶系统。所以，该方法还能判断传感器与二阶系统的符合程度。

（二）正弦信号响应法

测量传感器正弦稳态响应的幅值和相角，然后得到稳态正弦输入/输出的幅值比和相位差。逐渐改变输入正弦信号的频率，重复前述过程，即可得到幅频和相频特性曲线。

1. 确定一阶传感器时间常数 τ

将一阶传感器的频率特性曲线绘成伯德图，则其对数幅频曲线下降 3 dB 处所测取的角频率 $\omega = 1\tau$，由此可确定一阶传感器的时间常数 $\tau = 1/\omega$。

2. 确定二阶传感器阻尼比 ζ 和固有频率 ω_n

在欠阻尼情况下，从幅频特性曲线上可以测得三个特征量，即零频增益 k_0、共振频率增益 k_r 和共振角频率 ω_r。由式（1—59）和式（1—60）即可确

定 ζ 和 ω_n。

$$\frac{k_r}{k_0} = \frac{2}{2\zeta\sqrt{1-\zeta^2}}$$

$$(1-59)$$

$$\omega_n = \frac{\omega_r}{\sqrt{1-2\zeta^2}}$$

$$(1-60)$$

虽然从理论上来讲，也可通过传感器相频特性曲线确定 ζ 和 ω_n，但是一般来说准确的相角测试比较困难，所以很少使用相频特性曲线。

（三）其他信号响应法

如果用功率密度为常数 C 的随机白噪声作为待标定传感器的标准输入量，则传感器输出信号功率谱密度为 Y（ω）＝C｜H（ω）｜^{2}。所以传感器的幅频特性 k（ω）为

$$k \ (\omega) = \frac{1}{\sqrt{C}}\sqrt{Y \ (\omega)}$$

$$(1-61)$$

由此得到传感器频率响应的方法称为随机信号校验法，它可消除干扰信号对标定结果的影响。

如果用冲击信号作为传感器的输入量，则传感器系统的传递函数为其输出信号的拉氏变换。

如果传感器属三阶以上的系统，则需分别求出传感器输入和输出的拉氏变换，或通过其他方法确定传感器的传递函数或直接通过正弦响应法确定传感器的频率特性；再进行因式分解将传感器等效成多个一阶和二阶环节的串并联，进而分别确定它们的动态特性，最后以其中最差的作为传感器的动态特性标定结果。

四、传感器的选用

由于传感器技术的研制和发展非常迅速，各种各样的传感器应运而生。传感器的类型繁多、品种齐全、规格多样、性能各异，选用的灵活性很大。在应用时要恰当选用，选用传感器时一般应遵循以下原则。

（一）按使用要求选用

首先要根据被测物理量选用合适的传感器类型。测量同一种物理量有多种原理的传感器可供选用。那么具体选用哪种更为适宜，还需考虑被测量的特点和传感器的使用条件等因素，包括：①量程。例如测量位移，若量程小，可以选用应变式、电感式、电容式、压电式或霍尔式传感器等；若量程大，则可选用感应同步器、磁栅、光栅、容栅传感器等。②被测位置对传感器的体积要求。③测量方式。通常分为接触式测量和非接触式测量。④传感器来源。通常分为国产和进口传感器。⑤成本要求等。

（二）按性能指标要求选用

1. 量程的选用

选用的传感器量程一般应以被测量参数经常处于满量程的 $80\%\sim90\%$ 为宜，并且最大工作状态点不要超过满量程。这样，既能保证传感器处于安全工作区，又能使传感器的输出达到最大、精度达到最佳、分辨率较高，且具有较强的抗干扰能力。一般传感器的标定都是采用端点法，所以很多传感器的最大误差点在满量程的 $40\%\sim60\%$ 处。

2. 满量程输出

在相同的供电状态及其他参数不受影响的情况下，传感器的输出应尽可能地大。这样便于提高抗干扰能力，有利于信号处理，但不能只顾提高量程而降低其他参数特性，特别是过载能力。

3. 精度

精度是传感器的一个重要性能指标，是包括线性度、重复性、迟滞等指标的综合参数，它关系到整个测量系统的测量精度。在选用传感器时，应尽量选用重复性好、迟滞较小的传感器。而对于非线性的补偿，只要重复性好、迟滞较小，采用现今的电路技术和计算机技术已很容易处理。所以，在考虑精度时，应以重复性和迟滞为主。

如果用于定性分析，可选用重复精度高的传感器，不必选用绝对量值精度高的传感器。如果为了定量分析，则需选用精度等级高，能满足要求的传感器。由于传感器的精度越高价格越昂贵，因此传感器的精度只要能满足整个测量系统的要求就可以了，不必盲目追求过高精度。这样，就可选用同类传感器中价格低廉、功能简单的传感器了。

其他要考虑的指标还有稳定度、响应特性、输出信号的性质（模拟量还是数字量）等。

（三）按使用环境要求选用

使用环境包括安装现场条件、环境条件（温度、湿度、振动、辐射等）、信号传输距离、所需现场提供的功率容量等。若测量压力，还要考虑被测介质的情况。如果介质有腐蚀性，则需要选用壳体和隔离膜片都能防腐蚀的材料。如果介质没有腐蚀性，还要考虑是否让介质接触硅芯片。如果需要与硅芯片隔离，则要选用带隔离膜片的传感器。如果在常温且干燥的条件下，使用时间又较短，可让介质直接接触硅膜片，因为这种传感器封装简单，响应时间短，适合测量瞬时脉冲压力等参数。如果介质是液体，一般就需要选用带隔离膜片型的传感器。

（四）按测量对象要求选用

测量对象除了按使用要求选用外，有时还有进一步的具体要求。比如，同样是测量压力，有的测表压（传感器的一端与大气接触，而另一端与测量介质相通），有的测差压（传感器的两端都感受被测压力），有的测绝压（测量介质相对真空的压差），这时就需要根据测量对象的具体要求选用不同的传感器。又如，同样是测量液位，有的是测量水位，有的是测量油位、化学溶液的液位，有的是测量开口罐的液位、密封罐的液位，所选用的传感器也就各不相同。

（五）按其他要求选用

选用传感器时还要根据其他要求考虑，如价格、供货渠道、零配件的贮备、售后服务与维修周期、保修制度及时间、交货时间等。

必须指出，企图使某一传感器的各个指标都优良，不仅设计制造困难，实际上也没有必要。因此，千万不要追求选用"万能"的传感器去适应不同的场合。恰恰相反，应该根据实际使用的需要，保证传感器主要参数的性能指标，而其余参数只要能满足基本要求即可。例如，长期连续使用的传感器，应注重它的稳定性；而用于机械加工或化学反应等短时间过程监测的传感器，就要偏重于灵敏度和动态特性。即使是主要参数，也不必盲目追求单项指标的全面优异，而应注重其稳定性和变化规律性，从而可在电路上或使用计算机进行补偿与修正。这样既可保证传感器的低成本又可保证传感器的高精度。

　　在某些特殊场合，有时也会无法选到合适的传感器，这时就需要根据使用要求，自行设计制造专用的传感器。

第二章

传感器的相关应用

第一节　传感器与微机的接口技术

一、数据采集的概念

（一）数据采集系统的配置

典型的数据采集系统由传感器（T）、放大器（IA）、模拟多路开关（MUX）、采样保持器（SHA）、A/D 转换器、计算机（MPS）或数字逻辑电路组成。根据它们在电路中位置的不同，可分为同时采集、高速采集、分时采集和差动结构采集 4 种配置，如图 2—1 所示。

1.　同时采集系统

如图 2—1（a）所示为同时采集系统的配置方案。通过对各通道传感器的输出量进行同时采集和保持，然后分时转换和存储，可保证获得各采样点同一时刻的模拟量。

2.　高速采集系统

如图 2—1（b）所示为高速采集系统的配置方案。在时实控制中，对多个模拟信号的同时、实时测量是很有必要的。

3.　分时采集系统

如图 2—1（c）所示为分时采集系统的配置方案。这种系统价格便宜，具有通用性，传感器与仪表放大器匹配灵活，有的已实现集成化，在高精度、

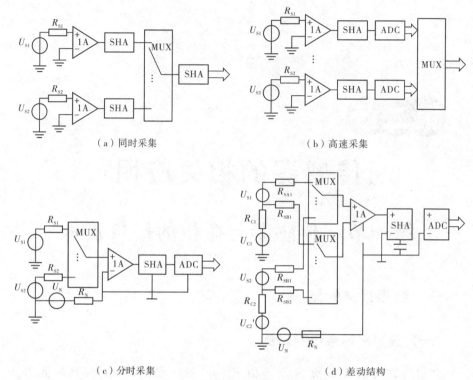

（a）同时采集　　　　　　　（b）高速采集

（c）分时采集　　　　　　　（d）差动结构

图 2—1　数据采集系统的配置

高分辨率的系统中，可降低 IA 和 ADC 的成本，但对 MUX 的精度要求很高，因为输入的模拟量往往是微伏级的。这种系统每采样一次便进行一次 A/D 转换，并送入内存后才对下一采样点采样。这样，每个采样点的值之间存在一个时差（几十到几百微秒），使各通道采样值在时轴上产生扭斜现象。输入通道数越多，扭斜现象越严重，不适合采集高速变化的模拟量。

4. 差动结构分时采集系统

当各输入信号以一个公共点为参考点时，公共点可能与 IA 和 ADC 的参考点处于不同电位，从而引入干扰电压 Un，造成测量误差。采用图 2—1（d）所示的差动配置方式可抑制共模干扰，其中 MUX 可采用双输出器件，也可采用两个 MUX 并联。

显然，图 2—1（a）、（b）两种方案的成本较高，但在 8～10 位以下的较低精度系统中，经济上也十分实惠。

（二）采样周期的选择

采样就是以相等的时间间隔对某个连续时间信号 $a(t)$ 取样，得到对应的离散时间信号的过程，如图 2-2 所示。其中，t_1，t_2，…分别为各采样时刻，d_1，d_2，…分别为各时刻的采样值，两次采样之间的时间间隔称为采样周期 T_s；图中虚线表示再现原来的连续时间信号。可以看出，采样周期越短，误差越小；采样周期越长，失真越大。为了尽可能保持被采样信号的真实性，采样周期不宜过长。根据香农采样定理：对一个具有有限频谱（$\omega_{min} < \omega < \omega_{max}$）的连续信号进行采样，当采样频率 $\omega_s = 2\pi/T_s \dots 2\omega_{max}$ 时，采样结果可不失真。实用中一般取 $\omega_s >$（2.5~3），也可取（5~10）ω_{max}。但由于受机器速度和容量的限制，采样周期不可能太短，一般选 T_s 为采样对象纯滞后时间 τ_0 的 1/10 左右；当采样对象的纯滞后起主导作用时，应选 $T_s = \tau_0$；当采样对象具有纯滞后和容量滞后时，应选择 T_s 接近对象的时间常数 τ。

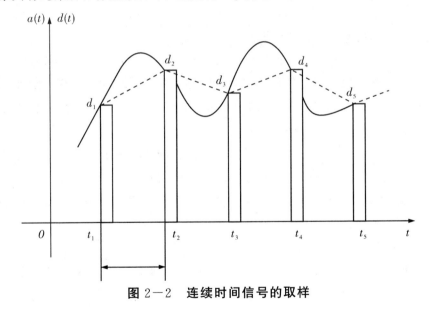

图 2-2　连续时间信号的取样

（三）量化噪声（量化误差）

模拟信号（A）是连续的，数字信号（D）是离散的，而每个数又是用有限个数码来表示，二者之间不可避免地存在误差，称为量化噪声。

二、ADC 接口技术

A/D 转换器简称 ADC。

(一) ADC 的主要技术指标

1. 分辨力

分辨力表示 ADC 对输入量微小变化的敏感度,它等于输出数字量最低位一个字 (1 LSB) 所代表的输入模拟电压值。例如,输入满量程模拟电压为 U_m 的 N 位 ADC,其分辨率为

$$1\text{LSB} = \frac{U_m}{2^N - 1} \approx \frac{U_m}{2^N}$$

$$(2-1)$$

ADC 的位数越多,分辨力越高。因此,分辨力也可以用 A/D 转换的位数表示。

2. 精度

精度分为绝对精度和相对精度。

①绝对精度:指输入模拟信号的实际电压值与被转换成数字信号的理论电压值之间的差值。它包括量化误差、线性误差和零位误差。绝对精度常用 LSB 的倍数来表示,常见的有 ±1/2 LSB 和 ±1 LSB。一般 A/D 转换的量化噪声有 1 LSB 和 LSB/2 两种。

②相对精度:指绝对误差与满刻度值的百分比。由于输入满刻度值可根据需要设定,因此相对误差也常用 LSB 为单位来表示。

可见,精度与分辨率相关,但却是两个不同的概念。相同位数的 ADC,其精度可能不同。

3. 量程 (满刻度范围)

量程是指输入模拟电压的变化范围。例如,某转换器具有 10V 的单极性范围或 $-5 \sim 5V$ 的双极性范围,则它们的量程都为 10V。

应当指出,满刻度只是个名义值,实际的 A/D、D/A 转换器的最大输出值总是比满刻度值小 $1/2^N$。例如,满刻度值为 10V 的 12 位 ADC,其实际的最大输出值为 $10\left(1 - \frac{1}{2^{12}}\right)$V。这是因为模拟量的 0 值是 2^N 个转换状态中的一

个，在 0 值以上只有 2^{N-1} 个梯级。但习惯上转换器的模拟量范围总是用满刻度来表示。

4．线性度误差

理想的转换器特性应该是线性的，即模拟量输入与数字量输出呈线性关系。线性度误差是转换器实际的模拟数字转换关系与理想直线的不同而出现的误差，通常也用 LSB 的倍数来表示。

5．转换时间

转换时间是指从发出启动转换脉冲开始到输出稳定的二进制代码，即完成一次转换所需要的最长时间。转换时间与转换器的工作原理及其位数有关。同种工作原理的转换器，通常位数越多，其转换时间越长。对大多数 ADC 来说，转换时间就是转换频率（转换的时钟频率）的倒数。

（二）ADC 的分类及其特点

1．按转换原理分类

按 A/D 转换的原理，ADC 主要分为比较型和积分型两大类。其中，常用的是逐次逼近型、双积分型和 V/F 变换型（电荷平衡式）ADC。

①逐次逼近型 ADC：它是以数模转换器 DAC 为核心，配上比较器和一个逐次逼近寄存器，在逻辑控制器操纵下逐位比较并寄存结果。它也可以由 DAC、比较器和计算机软件构成。逐次逼近 ADC 的特点是：转换速度较高（1 μm～1 ms），8～14 位中等精度，输出为瞬时值，抗干扰能力差。

②双积分型 ADC：它的转换周期由两个单独的积分区间组成。未知电压在已知时间内进行定时积分，然后转换为对参考电压反向定压积分，直至积分输出返回到初始值。双积分型 ADC 的特点是：它测量的是信号平均值，对常态噪声有很强的抑制能力，精度很高，分辨率达 12～20 位，价格便宜，但转换速度较慢（4 ms～1 s）。

③V/F 变换型 ADC：它是由积分器、比较器和整形电路构成的 VFC 电路，把模拟电压变换成相应频率的脉冲信号，其频率正比于输入电压值，然后用频率计进行测量。V/F 变换型 ADC 的特点是：VFC 能快速响应，抗干扰性能好，能连续转换，适用于输入信号动态范围较宽和需要远距离传送的场合，但转换速度慢。

2. 按输入、输出方式分类

不同的芯片具有不同的连接方式，其中最主要的是输入、输出方式及控制信号的连接方式。

①输入方式。从输入端来看，有单端输入和差动输入两种方式。其中，差动输入有利于克服共模干扰。输入信号的极性有单极性和双极性，由极性控制端的接法决定。

②输出方式。从输出方式来看，主要有两种：一是数据输出寄存器具有可控的三态门。此时芯片输出线允许和 CPU 的数据总线直接相连，并在转换结束后利用读信号 RD 控制三态门将数据送上总线。二是不具备可控的三态门。输出寄存器直接与芯片引脚相连，此时芯片的输出线必须通过输入缓冲器连至 CPU 的数据总线。

3. ADC 芯片的启动转换信号

ADC 芯片的启动转换信号有电平和脉冲两种形式。对要求用电平启动转换的芯片，若在转换过程中撤去电平信号，则将停止转换而得出错误的结果。

（三）ADC 的选择与使用

在实际使用中，应根据具体情况选用合适的 ADC 芯片。例如，某测温系统的输入范围为 $0 \sim 500 \ ℃$，要求测温的分辨率为 $2.5 \ ℃$，转换时间在 1 ms 之内，可选用分辨率为 8 位的逐次逼近型芯片 ADC0809；若要求测温的分辨率为 $0.5 \ ℃$（即满量程的 1/1 000），转换时间为 0.5 s，则可选用双积分型芯片 ADC 14433。

ADC 转换完成后，将发出结束信号，以示主机可以从转换器读取数据。结束信号可以用来向 CPU 发出中断申请，CPU 响应中断后，中断服务子程序中读取数据；也可用延时等待和查询的方法来确定转换是否结束，以读取数据。

（四）ADC 的工作原理

1. 逐次逼近型 ADC 的工作原理

如图 2-3 所示为逐次逼近型 ADC 的原理框图。当启动脉冲送至 START

端时，逻辑控制电路首先将移位寄存器的最高位（MSB）置 1，其余位清 0，寄存器的数字为 10 000。D/A 转换器将这个数字转换成模拟电压 $U_{RD} = (U_R/2)$，然后送到比较器与模拟输入电压 U_i 进行比较，若 $U_i > U_{RD}$，则该位保留 1；若 $U_i < U_{RD}$，则该位清 0。再将下一位（次高位）置 1，与上一次结果一起经 D/A 转换后与 U_i 进行比较。重复该过程，直到确定最低位 D_0 为止，转换结束。

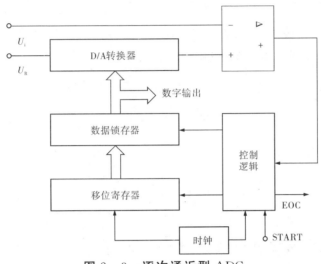

图 2-3　逐次通近型 ADC

2. 双积分型 ADC 的工作原理

如图 2-4 所示，双积分式 ADC 的工作过程分为以下 3 个阶段：

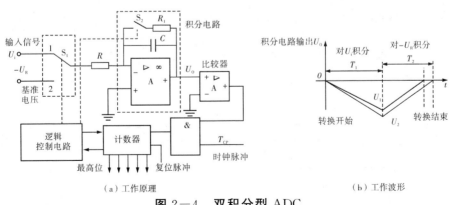

（a）工作原理　　　　　　　　　　　　　　（b）工作波形

图 2-4　双积分型 ADC

①准备期：开关 S_1 断开，S_2 接通，积分电容 C 被短路，输出为 0。

②采样期：开关 S_2 断开，S_1 与接点 1 闭合，积分器对输入模拟电压 $+U_i$ 进行积分，积分时间固定为 T_1。当计数器溢出时，积分器的输出电压为

$$U_a = \frac{T_1}{RC}U_{ivv}$$

(2—2)

式中，T_1 为计数器满刻度计数时间；U_{iav} 为被测模拟电压在时间内的平均值。

③比较期：从 T_1 结束时刻开始，开关 S_2 断开，S_1 与接点 2 闭合，对与被测模拟电压极性相反的标准电压 $-U_R$ 进行反向积分。当积分器的输出回到 0 时，则有

$$\frac{T_2}{RC}U_R = \frac{T_1}{RC}U_{iw}$$

(2—3)

可得比较周期为

$$T_2 = \frac{T_2}{U_R}U_{iw}$$

(2—4)

(五) V/F 变换型 ADC 的工作原理

①VFC A/D 转换原理：VFC 是根据电荷平衡原理工作的，如图 2-5 所示。

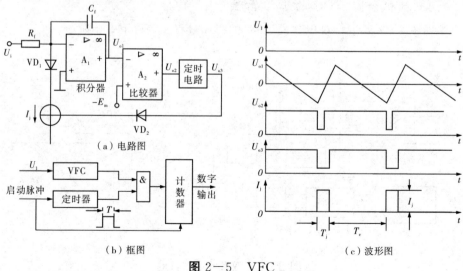

（a）电路图　（b）框图　（c）波形图

图 2-5　VFC

所谓电荷平衡原理，是指在一个周期中，积分电容得到的电荷量与放出的电荷量相等，即 $(U_i/R_f)\,T_0 = I_j T_j$。因此，输出频率可表示为

$$f_0\,\frac{1}{T} = \frac{U_i}{I_i T_j R_f} = K U_i$$

$$(2-5)$$

由式（2-5）可知，在确保定时器的脉宽 T_j、恒流源 I_j 和积分电阻 R_f 具有足够高精度的条件下，K 为常数，输出脉冲频率与输入电压有精确的线性关系。

利用 VFC 组成的 A/D 转换器的原理框图如图 2-5（b）所示。图中，输入模拟电压 U_i 经 VFC 变成频率信号，通过与门送到计数器。与门由脉冲启动定时器产生定时脉冲 T 来控制，未测量时，与门关闭；测量时，定时脉冲 T 打开与门。计数器在时间 T 内对 VFC 产生的频率信号进行计数，计数值用 N 表示，其表达式为

$$N = T f_0 = K T U_i$$

$$(2-6)$$

可见计数值 N 与输入模拟电压 U_i 成正比例。只要改变定时器的时间 T，就可改变输出的数值 N（对同样的 U_i），从而可改变测量的分辨率。例如，选用频率范围为 0 Hz～1 MHz 的 VFC，取定时时间 $T=1$ s，计数器用 6 位半的 BCD 计数器，则分辨率可高达 106。

②集成电路 VFC 器件：目前市场上已有各种集成电路 VFC 器件芯片可供选择，例如，通用型 VFC 器件有 LM131、LM231、LM331、RC4151 等，高精度型 VFC 器件有 AD650、AD651、VFC32 等。这些器件在使用时只需要少量外接元件，接口简单且便于实现隔离，而且具有很好的变换精度和线性度，有的器件还设有短路保护等功能。

（六）LM331 与单片机 8031 的接口

鉴于逐次比较型 ADC 和双积分型 ADC 相关资料较为普及，限于篇幅，仅以 VFC 型 ADC 为例说明 ADC 接口技术。如图 2-6 所示为 LM331 与单片机 8031 组成 ADC 的接口电路。

1. LM331 的外围电路
LM331 为 8 脚 DIP 封装。

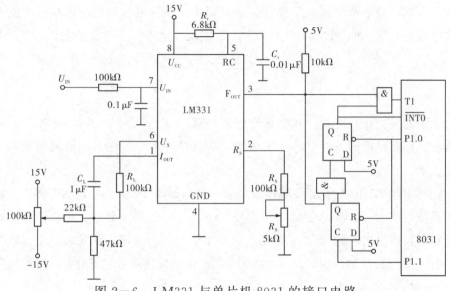

图 2—6 LM331 与单片机 8031 的接口电路

①比较阈值电压输入引脚 U_x。U_x 通常与精密电流源输出端 I_{OUT} 相连，并外接串联电阻 R_L 和电容 C_L 到地，利用其产生的滞后效应，改善线性度。

②定时比较器输入端 RC。它通过一电阻 R_t 接到 U_{Cc}，并接一电容 C_t 到地，构成定时电路。R_S 为输出调节端，外接一可变电阻，通过改变基准电流来调节增益偏差，以校正输出频率。

③频率输出端 F_{OUT}。它是集电极开路输出，必须外接一上拉电阻（10kΩ），所加电压应与后级电平一致。例如，若接 8031 的 T_0 或 T_1，则电压应为 5VO LM331 的输出频率与输入电压的关系为

$$F_{OUT} = F_{IT} \times \frac{R_S}{(2.09R_L \times R_L)}$$

(2—7)

当 $R_S = 36$ kΩ，$R_t = 10$ kΩ，$C_t = 470$ pF 时，0～10 V 的输入电压对应的输出频率为 0～100 kHz。

④被测模拟电压输入端 U_{IT}。经 RC 滤波后接入。

2. 接口电路的工作原理

用 8031 内部定时器/计数器 T_0 作定时器，T_1 作计数器，将 LM331 的频

率输出端通过一个启动同步接口接到 8031 的 T_1 端。单片机 8031 采用 6 MHz 的晶振，当 T_0 工作于方式 1 时，其最大的定时时间为 65.536 ms；若要求更长的定时时间，可利用 T_0 产生溢出中断，再用片内 RAM 单元作软件计数器对溢出中断计数，从而扩展定时时间。

转换器的最大计数脉冲数和定时器的定时时间取决于系统所要求的分辨率。若要求分辨率为 12 位，则脉冲数为 $2^{12}=4\ 096$ 个。因为 LM331 的最高工作频率为 100 kHz，脉冲周期为 $10\mu s$，所以定时时间为 $10\mu s \times 4\ 096 = 40.96$ ms。依次类推，可算出当分辨率为 13 位时，定时时间为 81.92 ms；当分辨率为 14 位时，定时时间为 163.84 ms；当分辨率为 15 位时，定时时间为 327.68 ms；当分辨率为 16 位时，定时时间为 655.36 ms。分辨率越高，定时时间越长，转换的速度也就越慢。

3. 接口电路的工作程序

在下面的程序中，将 8031 内部定时器 T0 设置为 5 ms 定时中断，中断 10 次后 CPU 读一次 T_1 所计的脉冲数 N，然后对计数值 N 进行处理，完成一次 A/D 转换。其参考程序如下：

```
//主程序//
MOV TMOD，51H ；设置 T₀ 为定时器，方式 1；T₁ 为计数器
MOV TLO，3H ；方式 1 定时值为 5 ms
MOV THO，0F6H ；供显示动态扫描用
MoV TCON，11H ；启动 T₀，并置 INTO 为边沿触发方式
MOV IE，83H ；允许 T₀ 和 INTO 中断
MOV R5，0AH ；设置中断次数为 10
DAT：AJM PPDATA ；PDATA 为数据处理程序，视实际系统而定
…．
//中断服务程序//
MOV TL0，3CH ；重置 T₀ 初值
MOV THO，OF6H
PUSH PSw ；保护现场
PUSH ACC
DJNZ R5，RT ；中断 10 次未到，返回
```

CLR TR1 ；中断 10 次到，关 T_1 计数器

MOV R5，0AH ；重置中断次数

MOV 21H，TL1 ；读 T_1 计数值，存放在 22H 和 21H 单元

MOV 22H，TH1

MOV TL1，0 ；计数器 T_1 回 0

MOV TH1，0

SETB TR1 ；重新启动 T_1

RT；PO PACC ；恢复现场

PO PPSw

RETI

三、其他数据采集部件

(一) 模拟多路转换器 (MUX)

模拟多路转换器又称模拟多路开关，是电子模拟开关的一种类型。只有当输入信号数大于 1 的数据采集系统，才有必要使用 MUX 来轮流切换各被采集通道。因此，对 MUX 的参数要求是：接通时导通电阻要小，典型值为 $170\sim300\Omega$；断开时泄漏电流要小，典型值为 $0.2\sim2mA$；导通和断开时间，典型值为 $0.8\mu s$；用于交流时，应有好的高频特性，即寄生电容要小。

(二) 采样保持电路 (SHA)

采样保持电路又称采样保持放大器。其作用是在 ADC 对模拟量进行量化所需的转换时间内，保持采样点的数值不变，以保证转换精度。普通型和高速型可在 $2\sim6\mu s$、甚高速型可在 $300\sim500ns$ 内把模拟信号的瞬时值采集下来并保持住。当然，若输入信号在 A/D 转换时间内是恒定的，则无须 SHA。但输入信号都可认为是随时间变化的，当不采用 SHA 时，必须保证在 A/D 转换期内输入信号的最大变化量不超过 LSB/2。计算无 SHA 时的可数

$$f_{max} = \frac{1}{2^{N+1}\pi T_{CONV}}$$

$$(2-8)$$

第二节　抗干扰技术

一、干扰的来源及形式

（一）外部干扰

外部干扰是指从外部侵入检测装置的干扰。它可分为自然干扰和人为干扰。

①自然干扰。来源于自然界的干扰称为自然干扰。它主要来自天空，如雷电、宇宙辐射、太阳黑子活动等，对广播、通信、导航等电子设备影响较大，而对一般工业用电子设备（检测仪表）影响不大。

②人为干扰。来源于其他电气设备或各种电操作的干扰，称为人为干扰（或工业干扰）。称为人为干扰（或工业干扰）。人为干扰来源于各类电气、电子设备所产生的电磁场和电火花，及其他机械干扰、热干扰、化学干扰等。

另外，外部干扰又可分为非电磁干扰和电磁干扰。

1. 非电磁干扰

（1）机械的干扰

指机械、震动或冲击使电子检测装置的电气参数发生改变，从而影响检测系统的性能。机械的干扰的防护方法是采用各种减震措施，应用专用减震弹簧－橡胶垫脚或吸震海绵垫来隔离震动与冲击对传感器的影响。

（2）热的干扰

温度波动以及不均匀温度场引起检测电路元器件参数发生改变，或产生附加的热电动势等，都会影响传感器系统的正常工作。常用的热干扰防护措施有：选用低温漂、低功耗、低发热组件；进行温度补偿；设置热屏蔽；加强散热；采取恒温等。

（3）温度及化学干扰

潮湿会降低绝缘强度，造成漏电、短路等；化学腐蚀会损坏各种零件或部件，所以应注意防潮、保持清洁。

2. 电磁干扰

电磁干扰主要来源于各类电气、电子设备所产生的电磁场和电火花。放电过程会向周围辐射从低频到高频大功率的电磁波，大功率供电系统输电线会向周围辐射工频电磁波。下面说明各种电磁干扰源的特征。

（1）放电噪声干扰

由各种放电现象产生的噪声，称为放电噪声。它是对电子设备影响最大的一种噪声干扰。在放电现象中属于持续放电的有电晕放电、辉光放电和弧光放电；属于过渡现象的有火花放电。

（2）电气设备干扰

①X频干扰：大功率输电线，甚至就是一般室内交流电源线对于输入阻抗高和灵敏度甚高的测量装置来说都是威胁很大的干扰源。在电子设备内部，由于工频感应而产生干扰，若波形失真，则干扰更大。

②射频干扰：指高频感应加热、高频介质加热、高频焊接等工业电子设备通过辐射或通过电源线给附近测量装置带来的干扰。

③电子开关通断干扰：电子开关、电子管、晶闸管等大功率电子开关虽然不产生火花，但因通断速度极快，使电路电流和电压发生急剧的变化，形成冲击脉冲而成为干扰源。在一定的电路参数下还会产生阻尼振荡，构成高频干扰。

（二）内部干扰

1. 固有噪声源

①热噪声：又称为电阻噪声，是指由电阻内部载流子的随机热运动产生几乎覆盖整个频谱的噪声电压，其有效值电压

$$U_t = \sqrt{4KTR\Delta f}$$

$$(2-9)$$

式中，K 为波耳兹曼常数（1.38×7^{-23}JK）；T 为热力学温度（K）；R 为电阻值；Δf 为噪声带宽，取决于系统带宽。若某电路输入电阻为 470 kΩ，带宽为 10^5 Hz，环境温度为 300 K，则噪声电压达 27.9 μV。因此，减小输入电阻和通频带有利于降低噪声。

②散粒噪声：它由电子器件内部载流子的随机热运动产生，其均方根电流为

$$I_{sh} = \sqrt{2QI_{dc}\Delta f}$$

（2—10）

式中，I_{dc} 为通过电子器件的直流电流，Q 为电子电荷量。散粒噪声与其成正比，其功率幅值服从正态分布，属于白噪声。

③低频噪声：又称为 $1/f$ 噪声。它取决于元器件材料的表面特性，噪声电压频率越低，噪声电压越大。

④接触噪声：它也是一种低频噪声。噪声电流为

$$I_{f} = KI_{dc}\sqrt{Bf}$$

（2—11）

式中，$\sqrt{B}$ 为每单位均方根带宽。

2. 信噪比（S/N）

在测量过程中，通常用信噪比 S/N 来表示其对有用信号的影响，而用噪声系数表征器件或电路对噪声的品质因数。

信噪比 S/N 是用有用信号功率 P_s 和噪声功率 P_N，或信号电压有效值 U_s 与噪声电压有效值 U_N 的比值的对数单位来表示的，其单位为分贝（dB）。信噪比的表达式为

$$\frac{S}{N} = 10\lg\frac{P_s}{P_N} = 20\lg\frac{U_s}{U_N}$$

（2—12）

噪声系数 N_F 等于输入信噪比与输出信噪比的比值，即

$$N_F = \frac{P_{Si}P_{Ni}}{P_{So}/P_{No}} = \frac{输入信噪比}{输出信噪比}$$

（2—13）

信噪比越小，信号与噪声越难以分清，若 $S/N = 1$，就完全分辨不出信号与噪声。信噪比越大，表示噪声对测量结果的影响越小，在测量过程中应尽量提高信噪比。

（三）干扰的传输途径

1. 通过"路"的干扰

①泄漏电阻：元件支架、探头、接线柱、印刷电路及电容器内部介质或外壳等绝缘不良等都可产生漏电流，引起干扰。

如图 2—7 所示为泄漏电流干扰的等效电路。图中，U_s 为干扰源，R_i 为被干扰电路的输入电阻，R_G 为泄漏电阻。则作用在 R_i 上的干扰电压为

— 53 —

$$U_N = \frac{R_i}{R_i + R_G} U_s \approx \frac{R_i}{R_G} U_s$$

(2-14)

②共阻抗耦合干扰：两个以上电路共有一部分阻抗，一个电路的电流流经共阻抗所产生的电压降就成为其他电路的干扰源。在电路中的共阻抗主要有电源内阻（包括引线寄生电感和电阻）和接地线阻抗。

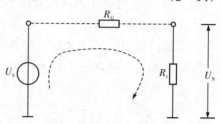

图 2-7　泄漏电流干扰的等效电路

如图 2-8 所示为共阻抗耦合干扰示意图。图中，U_s 为运算放大器 A 的输入信号电压，I_N 为干扰源电流，Z_C 为两者的共阻抗，则干扰电压为

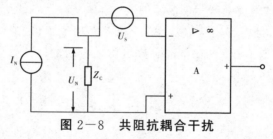

图 2-8　共阻抗耦合干扰

③经电源线引入干扰：交流供电线路在现场的分布很自然地构成了吸收各种干扰的网络，而且十分方便地以电路传导的形式传遍各处，通过电源线进入各种电子设备造成干扰。

2. 通过"场"的干扰

①通过电场耦合的干扰：电场耦合是由于两支路（或元件）之间存在着寄生电容，使一条支路上的电荷通过寄生电容传送到另一条支路上去，因此又称电容性耦合。

设两根平行导线 1 和 2 之间的分布电容为 C_{12}，导线 1 对地分布电容为 C_1，导线 2 对地分布电容为 C_2，等效电阻为 R_2，当导线 1 上加有频率为 f 的电压 U_{NI} 时，在导线 2 上产生的干扰电压为 $U_{NO} = f R_2 C_{12} U_{NI}$。

②通过磁场耦合的干扰：当两个电路之间有互感存在时，一个电路中的电流变化，就会通过磁场耦合到另一个电路中。例如，变压器及线圈的漏磁，两根平行导线间的互感就会产生这样的干扰。因此这种干扰又称互感性干扰。

设两根平行导线 1 和 2 之间的分布电容为 M，当导线 1 上流过频率为 f 的电流 L 时，在导线 2 上产生的干扰电压为 $U_{N2}=fMI_1$。

③通过辐射电磁场耦合的干扰：辐射电磁场通常来自大功率高频用电设备、广播发射台、电视发射台等。例如，当中波广播发射的垂直极化强度为 100mV/m 时，长度为 10cm 的垂直导体可以产生 5mV 的感应电势。

（四）干扰的作用方式

1. 串模干扰

凡干扰信号和有用信号按电势源的形式串联（或按电流源的形式并联）起来作用在输入端的称为串模干扰。其等效电路如图 2-9 所示。

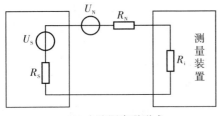

(a) 电流源串联形式　　　　　(b) 电流源并联形式

图 2-9　串模干扰等效电路

串模干扰又常称为差模干扰，它使测量装置的两个输入端电压发生变化，所以影响很大。常见的串模干扰有交变磁场耦合干扰、漏电阻耦合干扰、共阻抗耦合干扰等，如图 2-10 所示。

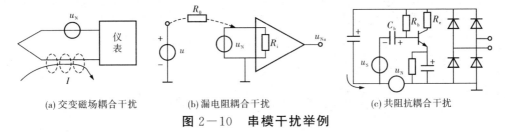

(a) 交变磁场耦合干扰　　　(b) 漏电阻耦合干扰　　　(c) 共阻抗耦合干扰

图 2-10　串模干扰举例

2. 共模干扰

干扰信号使两个输入端的电位相对于某一公共端一起变化（涨落）的属共模干扰。其等效电路如图 2-11（a）所示。

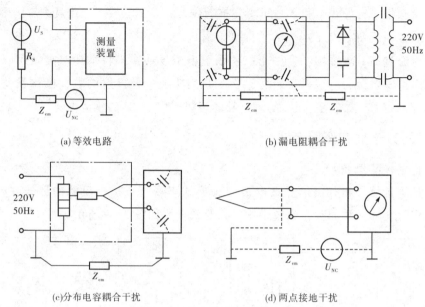

图 2—11 共模干扰方式

共模干扰本身不会使两输入端电压变化，但在输入回路两端不对称的条件下，便会转化为串模干扰。因共模电压一般都比较大，所以对测量的影响更为严重。共模干扰主要有漏电阻耦合干扰、分布电容耦合干扰以及两点接地的地电流干扰。另外在远距离测量中，因使用长电缆使传感器的地端与仪表地端产生的电位差，也会引起干扰。

3. 共模抑制比（CMR）

共模噪声只有转换成差模噪声才能形成干扰，这种转换是由测量装置的特性决定的。因此，常用共模抑制比衡量测量装置抑制共模干扰的能力，其表达式为

$$CMR=20\lg\left(\frac{U_{cm}}{U_{dm}}\right) 或 CMR=20\lg\left(\frac{A_{cm}}{A_{dm}}\right)$$

$$(2-15)$$

二、干扰的抑制技术

（一）抑制干扰的方法

抑制干扰的方法主要有消除或抑制干扰源、破坏干扰途径和削弱接收电路对干扰的敏感性。

1. 消除或抑制干扰源

例如，使产生干扰的电气设备远离检测装置；对继电器、接触器、断路器等采取触点灭弧措施，或改用无触点开关；消除电路中的虚焊、假接等。

2. 破坏干扰途径

提高绝缘性能，采用变压器、光电耦合器隔离以切断"路"径；利用退耦、滤波、选频等电路手段引导干扰信号转移；改变接地形式消除共阻抗耦合干扰途径；对数字信号可采用限幅、整形等信号处理方法或选通控制方法，切断干扰途径。

3. 削弱接收电路对干扰的敏感性

例如，电路中的选频措施可以削弱对全频带噪声的敏感性，负反馈可以有效削弱内部噪声源，对信号采用绞线传输或差动输入电路等。

常用的抗干扰技术有屏蔽、接地、浮置、滤波、隔离技术等。

（二）屏蔽技术

1. 静电屏蔽

众所周知，在静电场作用下，导体内部各点电位相等，即导体内部无电力线。因此，若将金属屏蔽盒接地，则屏蔽盒内的电力线不会传到外部，外部的电力线也不会穿透屏蔽盒进入内部。前者可抑制干扰源，后者可阻截干扰的传输途径。所以静电屏蔽也叫电场屏蔽，可以抑制电场耦合的干扰，其原理如图 2－12 所示。

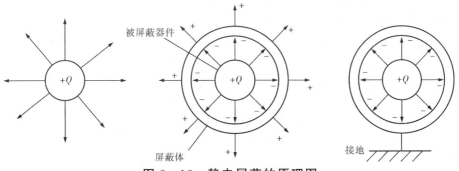

图 2－12 静电屏蔽的原理图

为了达到较好的静电屏蔽效果,应注意以下几个问题:①选用铜、铝等低电阻金属材料作屏蔽盒;②屏蔽盒要良好地接地;③尽量缩短被屏蔽电路伸出屏蔽盒之外的导线长度。

2. 电磁屏蔽

电磁屏蔽主要是抑制高频电磁场的干扰,屏蔽体采用良导体材料(铜、铝或镀银铜板),利用高频电磁场在屏蔽导体内产生涡流的效应,一方面消耗电磁场能量,另一方面涡电流产生反磁场抵消高频干扰磁场,从而达到电磁屏蔽的效果。当屏蔽体上必须开孔或开槽时,应注意避免切断涡电流的流通途径。若把屏蔽体接地,则可兼顾静电屏蔽,接地导线的屏蔽作用如图2—13所示。若要对电磁线圈进行屏蔽,屏蔽罩直径必须大于线圈直径一倍以上,否则将使线圈电感量减小,Q 值降低。

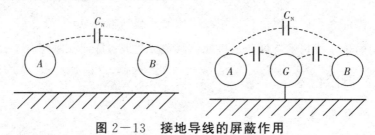

图 2—13 接地导线的屏蔽作用

3. 磁屏蔽

如图2—14所示磁屏蔽的原理图。对低频磁场的屏蔽,要用高导磁材料,使干扰磁感线在屏蔽体内构成回路,屏蔽体以外的漏磁通很少,从而抑制了低频磁场的干扰作用。为了保证屏蔽效果,屏蔽板应有一定的厚度,以免磁饱和或部分磁通穿过屏蔽层而形成漏磁干扰。

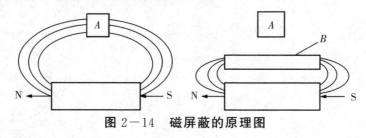

图 2—14 磁屏蔽的原理图

4. 驱动屏蔽

驱动屏蔽是基于驱动电缆原理,以提高静电屏蔽效果的技术,如图2—15

所示。图中，将被屏蔽导体 B（如电缆芯线）的电位经严格的 1∶1 电压跟随器去驱动屏蔽层导体 C（如电缆屏蔽层）的电位，由运放的理想特性，使导体 B、运放输出端和导体 C 的电位相等，B 和 C 间分布电容 C_{2S} 两端等电位，干扰源 u 不再影响导体 B。驱动屏蔽常用于减小传输电缆分布电容的影响及改善电路的共模抑制比。

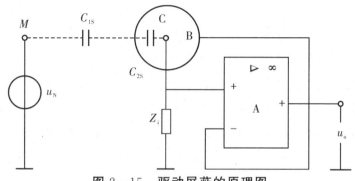

图 2—15　驱动屏蔽的原理图

（三）接地技术

1. 电气、电子设备中的地线

接地起源于强电技术。为了保障安全，将电网零线和设备外壳接大地，称为保安地线。对于以电能作为信号的通信、测量、计算控制等电子技术，把电信号的基准电位点称为"地"，它可能与大地是隔绝的，称为信号地线。信号地线分为模拟信号地线和数字信号地线两种。

另外从信号特点来看，还有信号源地线和负载地线。

2. 一点接地原则

（1）机内一点接地

如图 2—16 所示为机内一点接地的示意图。单级电路有输入、输出、电阻、电容及电感等不同电平和性质的信号地线；多级电路中的前级和后级的信号地线；在 A/D、D/A 转换的数模混合电路中的模拟信号地线和数字信号地线；整机中有产生噪声的继电器、电动机等高功率电路，引导或隔离干扰源的屏蔽机构以及机壳、机箱、机架等金属件的地线均应分别一点接地，然后再总的一点接地。

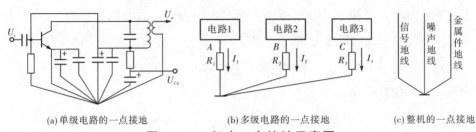

(a)单级电路的一点接地　　(b)多级电路的一点接地　　(c)整机的一点接地

图 2－16　机内一点接地示意图

（2）系统一点接地

对于一个包括传感器（信号源）和测量装置的检测系统，也应考虑一点接地。如图 2－17 所示检测系统的一点接地。其中，图（a）采用两点接地，因地电位差产生的共模电压的电流要流经信号零线，转换为差模干扰，会造成严重的影响；图（b）改为在信号源处一点接地，干扰信号流经屏蔽层而且主要是容性漏电流，影响很小。

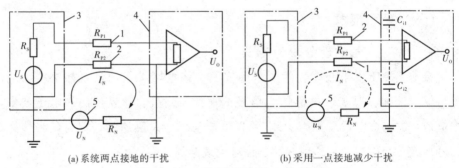

(a) 系统两点接地的干扰　　　　　　(b) 采用一点接地减少干扰

图 2－17　检测系统的一点接地

（3）电缆屏蔽层的一点接地

如图 2－18 所示。如果测量电路是一点接地，电缆屏蔽层也应一点接地。

①信号源不接地，测量电路接地，电缆屏蔽层应接到测量电路的地端，如图 2－18（a）中的 C，其余 A、B、D 接法均不正确。

②信号源接地，测量电路不接地，电缆屏蔽层应接到信号源的地端，如图 2－18（b）中的 A，其余 B、C、D 接法均不正确。

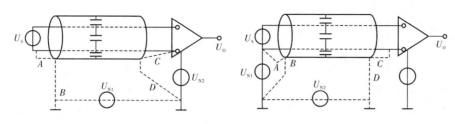

(a) 测量电路端一点接地　　　　　　(b) 信号源端一点接地

图 2－18　电缆屏蔽层的一点接地示意图

（四）浮置技术

如果测量装置电路的公共线不接机壳也不接大地，即与大地之间没有任何导电性的直接联系（仅有寄生电容存在），就称为浮置。

如图 2－19 所示为检测系统被屏蔽浮置的前置放大器。它有两层屏蔽，内层屏蔽（保护屏蔽）与外层屏蔽（机壳）绝缘，通过变压器与外界联系。电源变压器屏蔽的好坏对检测系统的抗干扰能力影响很大。在检测装置中，往往采用带有三层静电屏蔽的电源变压器，各层接法如下：

①一次侧屏蔽层及电源变压器外壳与测量装置的外壳连接并接大地；

②中间屏蔽层与"保护屏蔽"层连接；

③二次侧屏蔽层与测量装置的零电位连接。

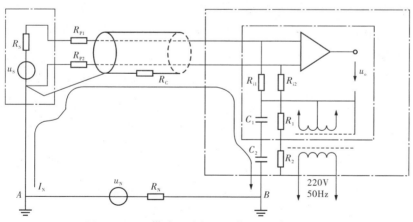

图 2－19　带有"浮置屏蔽"的检测系统

（五）抑制干扰的其他措施

在仪表中还经常采用调制解调、滤波和隔离（一般用变压器作前隔离，光电耦合器作后隔离）技术。通过调制、选频放大、解调、滤波，只放大输出有用信号，抑制无用的干扰信号。其中，滤波的类型有低通滤波、高通滤波、带通滤波、带阻滤波等，起选频作用；隔离主要防止后级对前级的干扰。

第三节　传感器在生物医学中的应用

一、电阻式传感器的应用

电阻式传感器在医学上主要用来测量压力，如常见的眼内压、血压的测量等。随着工艺发展日益成熟，压阻式传感器应用越来越广泛。

（一）眼内压的测量

眼内压（简称眼压）是眼球内容物作用于眼球壁的压力。眼内压的变化会引起很多的眼科疾病，人类致盲率最大的眼科疾病——青光眼，就是由于眼压过高引起的。维持正常视功能的眼压称正常眼压，通常在 $1.33 \sim 2$ kPa 范围内；如果超过了 2.8 kPa，则表示有了眼疾。

测量眼压的方法有三类，即直接检查法、指测法和眼压计检查法。直接检查法虽最为准确，但因其对人体有损伤性而不适用于临床；指测法只能粗略估计眼压高低，对轻微的眼压改变则难以判断；眼压计检查法能够较为准确地测量眼内压，对人体又无损害性，故在临床上得到广泛应用。

压平眼压计通过外力将角膜压平来测量眼压，其理论基础为 Imbert-Fick 定律。该定律认为充满液体的球体内压可以通过测量压平球体表面所需的力量来确定。在压平眼压计测量过程中，利用一平的小测压探头加压于角膜，从所加的压力和角膜之间的接触面积来推测眼内压。

眼内压计算公式为：

$$P_t（眼内压）＝F（压平角膜的外力）/S（压平面积）$$

（2—16）

下面介绍两种常用的压平眼压计。

1. Goldmann 压平眼压计

目前世界上公认 Goldmann 压平眼压计是设计最完美、结果最准确的一类眼压计。它的误差范围在 ±0.5 mmHg 内，因此常用 Goldmann 压平眼压计测量的结果作为标准来衡量其他眼压计的准确程度。它是利用测压头压平角膜来进行间接的眼内压测量。Goldmann 压平眼压计的压平面的直径选定为 3.06 mm。当测压头使角膜压平时，7.35 mm^2 的环形面积所需的力即为眼压测量值。平面膜上粘贴有四个扩散电阻，将其连成惠斯通电桥或者差动电桥，根据输出的电压，即可算出眼内压。

2. TONO－PEN 眼压计

TONO－PEN 眼压计是美国 Mentor 公司设计的一款眼压计，体积小，质量轻，电池供能，携带方便，应用范围广泛。目前市场上有两种款式。它们共同的特点是：一端稍尖，为测量眼压的部分；另一端钝圆，用以安装电池。测眼压的部分为一直径 1.02 mm 的铁心，铁心与一个微型张力传感器相连，其周围环绕一直径为 3.22 mm 的环，以减小传感器移动。传感器头套上一次性使用的乳胶保护套，眼压计体部有一液晶显示屏和操作键，通过按压操作键来校准眼压计和测量眼压，所测得的眼压值以 mmHg 显示在液晶屏上。

（二）血压的测量

血压是评估血管功能最常用的参数，是人体重要的生命体征之一。它指的是血液在血管内流动时，作用于体循环的压力，是推动血液在血管内流动的动力。心室收缩，血液从心室流入动脉，此时血液对动脉的压力最高，称为收缩压。心室舒张，动脉血管弹性回缩，血液仍慢慢继续向前流动，但血压下降，此时的压力称为舒张压。

测量血压的仪器称为血压计。血压的测量可分为直接测量法和间接测量法两种。直接测量法又称有创测量法，也就是通过穿刺在血管内放置导管后测得血压。这种方法测量精度高，但属于有创测量，对病人身体损害较大，临床上除危重病人外，一般不予采用。间接测量法是利用脉管内压力与血液阻断开通时刻所出现的血流脉动变化，即采用闭塞气袖处的脉搏测定动脉血压。根据工作原理的不同，间接测量法又分为柯式音法、示波法、超声法、逐拍跟踪法、双袖带法、张力测定法、恒定容积法等。这种方法不需要进行外科手术，属于无创测量，而且测量简便。电子血压计就是基于无创血压测量方法的生命信息监测医疗设备，其体积小，携带方便，操作简单，抗干扰能力强，可自动处理和存储数据，对于需要长时间采集和监测血压的个人，特别是高血压患者是非常重要的工具。迄今为止，各种各样的测量技术和商品化的产品已在临床上得到了广泛的应用。

目前绝大多数电子血压计采用示波法间接测量血压，即通过测量血液流动时对血管壁产生的振动，在袖带放气过程中，只要袖带内压强和血管压强相同，则振动最强。通过对振动波的分析计算可得出舒张压和收缩压的大小。

电子血压计的核心部件是固态压阻式传感器，它采用电阻作为传感敏感元件。利用半导体扩散技术在硅膜片上扩散出 4 个 P 型电阻构成平衡电桥，膜片的四周用硅杯固定，其下部是与被测系统相连的高压腔，上部一般可与大气相通。在被测压力作用下，膜片产生应力和应变。随着硅电阻距膜片中心的距离变化，其应力也在发生变化。将 4 个电阻沿一定晶向排列，则靠近圆心的两个电阻将受到拉应力，而远离圆心的两个电阻受到压应力，其电阻的变化达到大小相等，变化相反，即可组成差动电桥，其形式为四等臂差动电桥结构。通过电桥的输出电压就可以检测出所受压力的大小。

二、电感式传感器的应用

测量病人的呼吸次数，是了解其身体状况的常用指标，在家庭急救中至关重要。其测量主要基于 Konno 和 Mead 定理，即体表呼吸容积定量理论：人体做呼吸运动时，呼吸腔可近似假定具有胸廓（RC）、腹部（AB）这两个运动自由度，呼吸容积变化等于胸廓和腹部容积变化之和；当口鼻闭合，做等容呼吸动作时，胸廓容积的增加（或减少）等于腹部容积的减少（或增加）。

电感式传感器灵敏度高，最大能分辨 $0.01~\mu m$ 的位移变化。基于电磁感应原理的呼吸感应体积描记（respiratory inductive plethysmography，RIP）技术是一种新颖的呼吸监测技术，通过监测人体胸腹部随呼吸的运动来测量人体呼吸参数。该技术不直接经过口鼻测量，检测过程中不需要佩戴口鼻面罩，具有无创性，不影响呼吸模式，便携且可实现定量检测，成为近年来生物医学工程领域的研究热点之一。

RIP 技术的基本原理是在体外通过测量肺部和腹部横断面积的变化来实现肺通量的连续测量。它采用二导联，其中一导记录胸部运动，另一导记录腹部运动。将弯曲成正弦状的两条绝缘线圈通过弹性缚带分别缠绕在被测者的胸部（乳头水平）和腹部（肚脐水平），形成电感线圈。金属导线通过高频低幅交流电，变化的电流产生磁场，磁场变化产生感应电动势（电压），感应电动势（电压）和自感系数（电感）成正比，通过计算可以得到电感值。呼吸运动带动弹性缚带伸缩，从而导致线圈围绕截面积发生改变，电感的大小也随之变化，电感大小和直径的大小成正比关系，能够很好地反映胸腹部的运动。通过直径的变化可以推算出胸腹部体积的变化，经过适当的标定可以精确地反映潮气量的大小。

Konno 和 Mead 定理可用下式表 2K：

$$\Delta V = \Delta V_{RC} + \Delta V_{AB}$$

$$(2-17)$$

式中：ΔV 表示经口鼻呼吸气体容积的变化，ΔV_{RC} 和 ΔV_{AB} 分别表示胸腔和腹腔呼吸容积的变化。若通过 RIP 技术测定胸部、腹部线圈的电感值 ΔL_{RC} 和 ΔL_{AB}，则式（2—17）可改写为：

$$\Delta V = K_1 \Delta L_{RC} + K_2 \Delta L_{AB}$$

$$(2-18)$$

式中：ΔL_{RC} 为胸部线圈电感输出变化，ΔL_{AB} 为腹部线圈电感输出变化，K_1 和 K_2 分别为体积系数。

RIP 技术测量的是电感体的磁场变化，不会受到外界的干扰，因此结果相当可靠，适宜动态监测，并具有无创、非侵入性的优点。除了记录胸腹部运动外，还有其他一些优势，如：测量潮气量、精确显示呼吸频率、显示呼吸实际波形、评估胸腹部呼吸运动的协调性、监测睡眠呼吸障碍等。由于具有这些优势，RIP 技术已越来越多地运用在多导睡眠分析系统（或睡眠呼吸监护仪）中以记录胸腹部呼吸运动，这对于辅助诊断睡眠呼吸暂停综合征具有尤其重要的意义。

此外，近年来国内外研究学者开发了新型 RIP 技术，将其与可穿戴技术结合，设计出可穿戴式 RIP 系统（背心式 RIP 系统）。这种系统测得的呼吸信号稳定，信噪比高，而且低生理、心理负荷，被检查人员可以在日常生活和自然睡眠过程中实现睡眠呼吸紊乱性疾病的诊断，因而具有重要意义。

三、电容式传感器的应用

电容式传感器可用来测量直线位移、角位移、振动振幅，尤其适合测量高频振动振幅、加速度等机械量，在医学中也有非常重要的应用。如下面介绍的微音器、心输出量计和助听器等。

（一）电容式微音器

电容式微音器是一种变极距型电容传感器，具有响应速度快、灵敏度高、可进行非接触测量等优点，因此在生物医学测量中常用于记录心音、心尖搏动、胸壁运动以及动脉和梅动脉的脉动等。它利用声压使薄膜与固定极板之间的距离发生变化，从而使电容量发生变化以测量心音。这种传感器常与直流极化电路结合使用。当电容传感器的电容量发生变化时，R 两端的电压 v_0 也随之改变（当然它只能有动态响应），当 $\Delta x = x_0 \sin\omega t$ 时，可求得

$$v_0 = \frac{V_1 C_0 R}{d} \left| \frac{j\omega}{1+j\omega C_0 R} \right| X_0 \sin(\omega t + \varphi)$$

$$(2-19)$$

式中：C_0——电容传感器的初始电容值，$C_0 = \dfrac{\varepsilon S}{d}$；

V_1——直流极化电压。

当满足 $\omega C_0 R \gg 1$，且不考虑初始相位时：

$$v_0 \approx \frac{V_1 x_0 \sin\omega t}{d}$$

$$(2-20)$$

若放大器的增益为 A_0，则

$$v'_0 = A_0 v_0 = A_0 \frac{V_1 x_0 \sin\omega t}{d}$$

$$(2-21)$$

（二）电容式心输出量计

电容式心输出量计是在体外循环血泵中，根据电容量变换原理测定心输出量的装置。血泵中间有一层薄膜，右侧为气室，气室的右表面为一层金属箔，作为电容式传感器的一个极片；膜的另一侧为血液，作为电容式传感器的另一极片。右侧的气室接到空气压缩机上，周期性地给予气室一定的正负

压，模仿心脏的收缩和舒张，推动血液流动。电容器的介质为空气及该层薄膜。实验表明，当心输出量相当于 50 mL 时，电容量的变化约为 1 pF，将该电容作为振荡回路中的一个电容，可引起 3~700 kHz 的振荡频率的变化，且频率的变化量与心输出量呈线性关系。一种结构是用金属把血泵的圆锥形塑料外罩包起来，成为电容器的一个极片。而气室内表面的金属箔构成另一极片，在这种情况下血泵内的血液成为电容器介质的一部分。这种方法的优点在于：血液不需要与电流直接接触。另一种结构是血泵呈囊状，在其圆锥形塑料外罩上安放两个片状电极，空气与囊中的血液构成介质。这两种方法也可采用同样的频率调制系统，得到与心输出量有关的调频信号。

(三) 助听器

助听器的传感器元件是特殊设计的小型化驻极体电容传声器，其作用是把声音信号转化成电信号。驻极体是在强外电场等因素作用下，极化并能"永久"保持极化状态的电解质。当声音进入麦克风，声波的疏密变化引起带负电的薄金属膜片（即振膜）振动，随即将声能转变为机械能，膜片振动在驻极体上产生压力，传递至驻极体背极。驻极体背极和膜片底部都与场效应晶体管前置放大器相连并有一终端通向外部。当膜片振动时，膜片和驻极体后板间的距离和空间发生改变，产生电压，通过固定在麦克风上的场效应晶体管，将机械能转变为电能，再通过终端传到放大器。

四、压电式传感器的医学应用

压电式传感器具有结构简单、体积小、质量轻、测量的频率范围宽、动态范围大、性能稳定、输出线性好等优点。因此，它已广泛应用于生物医学测试的许多方面，例如用于心音测量的微音器，用于震颤测量的压力传感器，用于直流测量的超声流量计，用于眼压测量的压力传感器，超声诊断仪、B型和 M 型超声心动仪、压电式心脏起搏装置。其中很大一部分应用是在超声诊断方面（利用压电晶体的逆压电效应）。

(一) 血压测量传感器

如前所述，血压是评估血管功能最常用的参数。测量血压的方法有很多种，超声多普勒法是常用的自动、无创测量方法之一。它是利用超声波对血流和血管壁运动的多普勒效应来检测收缩压和舒张压的。因为多普勒频移与血压有较为稳定的相关性，因此利用这种方法测量的血压值比较准确。

超声波发生器的核心部件是两个压电晶体。它们处在臂脉带的底部：一个压电晶体接到超声波发生器（8 MHz 振荡器）传输过来的超声信号后，利用晶体的逆压电效应，使晶体产生机械振荡，机械波发射至血管壁造成反射；另一个压电晶体与一个窄带放大器相连，检测反射信号。如果血管壁是动的，则反射信号的频率与超声波发生器的频率存在差值，即产生多普勒效应，频率的偏移量称为多普勒频移。当静止的超声波发生器发出的超声信号被一运动的物体反射时，反射回来的信号频率为：

$$f_D = f_T + \frac{2v}{c} f_T$$

$$(2-22)$$

其中，f_T 为发射信号的频率，v 为运动物体与发生器之间的相对运动速度，c 为声波在介质中的传播速度，f_D 为反射信号的频率。

显然，多普勒频移量 Δf 的值为：

$$\Delta f = f_D - f_T = \frac{2v}{c} f_T$$

$$(2-23)$$

可以得出频移量 Δf 与运动物体相对于发生器的运动速度成正比。

在血管被阻断期间，血流静止不动，$\Delta f = 0$，所以无频移产生。当袖带压力增加到超过舒张压而低于收缩压时，动脉内的血压在高于或低于袖带压力之间摆动。这时，当血压低于或高于袖带内压力时，由于血流相对于血管壁运动强度大，所以产生较大的频移信号，因而就能检出声频输出。在一个心动周期内，随着袖带压力的增加，血管的开放和闭合的时间间隔就随之减小，直到开放和闭合二点重合，该点即为收缩压。相反，当袖带压力降低时，开放和闭合之间的时间间隔增加，直到脉搏闭合信号和下一次脉搏开放信号相重合，这一点可确定为舒张压。

采用超声法测血压适用范围广，既可以适用于成人和婴儿，也可适用于低血压患者，同时可以用于噪声很强的环境中，完整地再现动脉波。其缺点是受试者身体的活动会引起传感器和血管之间超声波途径的变化。

（二）压电式微震颤传感器

这种传感器主要用以测量人体和动物体发生的微震颤或微振动，观测药物疗效。

微震颤传感器是一只压电加速度型传感器。它用压电元件作为振动接收器，用一块橡皮膏贴到手指上（拇指球部）。当手震颤时，使质量—弹性系统振动，压电片受力产生电荷，从而把手震颤变换成电信号。

（三）压电薄膜

压电薄膜拥有独一无二的特性，作为一种动态应变传感器，非常适合应用于人体皮肤表面或植入人体内部实现生命信号的监测。聚偏二氟乙烯（PVDF）是一种新型的有机高分子敏感材料，具有很强的压电特性和强热释电效应。其主要优点是：

①高的压电灵敏度，比石英高 10 多倍；

②频率响应宽，室温下在 $7^{-5} \sim 5 \times 10^{8}$ Hz 范围内响应平坦；

③柔韧性和加工性能好，可以经受数百万次的弯曲和振动，也容易制成大面积传感元件和阵列元件；

④声阻抗与水、人体肌肉的声阻抗很接近，可作为水听器和医用仪器的传感元件；

⑤化学稳定性和耐疲劳性高，吸湿性低，并有很好的热稳定性。

目前压电薄膜已经广泛应用于生物医学领域。很多电子听诊器都采用 PVDF 薄膜作为传感器元件，将 PVDF 薄膜封装在传统的金属听诊头中。当传感器与身体之间存在作用力时，就会有动态的压力信号转换成电信号，并且有选择性地过滤或放大，作为音频信号回放，运用更复杂的运算方法判断出具体的状况，或传输到远程基站进行进一步分析存储等。

利用 PVDF 薄膜制成的医用超声波传感器结构简单，灵敏度高，与人体表面机械阻抗匹配很好，可以用作脉搏计、血压计、起搏计、心率计、胎儿心音探测器等传感元件。荷兰、德国、美国有多家公司都在生产基于压电薄膜的婴儿呼吸监控仪。这种监控仪是将一装有 PVDF 压电薄膜的垫子放于婴儿身子底下，对由呼吸、心跳引起的轻微振动进行连续的监控（特别是在晚上），当呼吸或心跳的时间间隔超过预先设置的时间间隔时，比如说 20 s，它便会触发警报器，这样就能够及时而有效地防止婴儿的窒息死亡。

此外，压电薄膜柔软，灵敏度高，所以适用于大面积的传感阵列器件。近年来随着智能机器人的发展，一种模拟人手感觉工作的 PVDF 触觉传感器，即仿生皮肤，成为研究热点。当 PVDF 膜受力后产生电荷，按电荷量的大小和分布判别物体的形状。此外，还可以用于足底压力检测系统，通过测量分析足底的压力可知足底压力分布特征和模式，对临床医学诊断、疾患程度测定、术后疗效评价、体育训练等有着重要的意义。

五、磁电式传感器的应用

（一）电磁血液流量计

电磁流量计可以用来测量导电液体的流量。血液也是一种导电液体，血流量的测定与血压测量一样重要。目前，电磁流量计已作为完整血管内动脉血流量测量的标准方法。当血液在血管中以均匀速度 v 流动时，其流动方向与磁场方向垂直。根据电磁感应定律，电磁血流量传感器产生的感应电动势满足：

$$E = \frac{4QB}{\pi D}$$

$$(2-24)$$

式中：B 为磁感应强度（T），Q 为血液的体积流动速率（m^3/s），D 为血管直径（m），E 为感应电动势（V）。

（2-24）式表明感应电动势与血流分布无关。对于一定的血管直径和磁感应强度，电动势仅取决于瞬时体积流动速率。

通常，电磁血流量计由流量传感器和电路系统组成，其中流量传感器又称作电磁探头，其作用是将血流量转换成相应的电压信号。在电路系统中，脉冲发生器、控制器和激励器产生激磁电流并送到电磁探头的励磁绕组中。由流量探头输出的电压信号经测量放大器放大后再经低通滤波器就得到了血流信号，最后由记录器和指示器将血流量值记录和显示出来。

这种方法测量血流量的血管大小范围较宽，可从人体最粗的血管至 1 mm 直径的血管，并且相应时间短，测量精度高，最佳状态的误差在 3‰～5‰ 之间，在医学实验中较为多用。但是由于这种方法的有限性，即需要把血管剥离出来才能测量，故其应用范围受到限制。

六、光电式传感器的应用

(一)光电式脉搏检测

人体表可触摸到的动脉搏动称为脉搏。它是作为人体状态的一个重要信息窗口。测量脉搏对病人来讲是一个不可缺少的检查项目。中医更将切脉作为诊治疾病的主要方法。但这种方法受到感觉、经验和表述的限制，同时感知的脉象无法记录和保存。生物医学传感器是获取生物信息并将其转换成易于测量和处理信号的一个关键器件。光电式脉搏传感器是根据光电容积法制成的脉搏传感器，通过对手指末端透光度的监测，间接检测出脉搏信号。

光电式脉搏传感器由红外发光二极管和红外光敏晶体管构成。发光二极管发出的红外光照射到血管上，部分光经血管反射被光敏晶体管接收并转换成电信号。根据朗伯－比尔（Lambert－Beer）定律，物质在一定波长处的吸光度和它的浓度成正比。当恒定波长的光照射到人体组织上时，通过人体组织吸收、反射衰减后测量到的光强将在一定程度上反映被照射部位组织的结构特征，即可测得血管内容积变化。脉搏主要由人体动脉舒张和收缩产生，在人体指尖，组织中的动脉成分含量高，而且指尖厚度相对其他人体组织而言比较薄，透过手指后检测到的光强相对较大，因此光电式脉搏传感器的测量部位通常在人体指尖。

对透射式而言，由于经光电传感器输出的是一个大的透射量，它受到血液动脉引起的微小变化的调制，故应通过接口电路消除大的基本透射量。当光源、光电传感器相对位置移动时，会引起较大的透射量改变，产生假象，并可能使后级电路饱和。这种方法可较好地指示心率的时间关系，并可用于脉搏测量，但不善于精确度量容积。

利用光电式脉搏传感器采集脉搏信号，将微弱的信号经过滤波、放大处理，并将其送入微处理器进行分析，即可得到准确、丰富的脉象信息，有很高的临床价值。

（二）光电法测血氧饱和度

人体血液中氧合血红蛋白占全血的百分比称为血氧饱和度。它是医学中不可缺少的主要参数。在临床上，测量血氧饱和度有多种方法。最常采用的是动脉血采样，在几分钟内测量动脉氧分压，并计算动脉血氧饱和度。但这种方法需要动脉穿刺或插管，给病人带来痛苦，并且不能连续监测和实时抢救。临床上希望能简便、非侵入、连续地监测血氧饱和度。应用光电技术可以无创伤、长时间、连续地监测血氧饱和度，为临床提供了快速、简便、安全、可靠的测定方法。

光电法测量血氧饱和度的原理是：氧合血红蛋白（HbO_2）与还原血红蛋白（Hb）对红光与近红外光的吸收率不同。根据朗伯－比尔吸光定律，当入射光射入厚度为 D 的均质组织时，入射光 I_0 与透射光 I 之间的关系为

$$\frac{I}{I_0} = e^{-\varepsilon c D} \tag{2-25}$$

式中：c——吸光物质的浓度（如血液中的血红蛋白）；

ε——吸光物质的吸光系数。

定义物质的吸光度 A 为

$$A = 1n\left(\frac{I_0}{I}\right) = \varepsilon c D \tag{2-26}$$

脉搏血氧测定时，一般是将传感器直接置于体表动脉处（手指、耳垂、脚趾等），用光电器件获取两个不同波长的吸光值。传感器由发光器件和接收器件组成。发光器件是由波长为 660 nm 的红光和波长为 925 nm 的红外光发射光组成。这是因为在红光区（660 nm），Hb 和 HbO_2 的分子吸光系数差别很大，主要反映 Hb 的吸收；而在红外光区（925 nm），Hb 和 HbO_2 的分子吸光系数差别很小。光敏接收器件大都采用 PIN 型光敏二极管，由它将接收到的入射光信号转换成电信号，由此就可以实时测量血氧含量。

第三章

温度传感器及其检测技术

第一节　接触式温度传感器及其检测技术

一、热电阻及温度检测

导体的电阻值随温度变化而改变，通过其阻值的测量可以推算出被测物体的温度，利用此原理构成的传感器就是电阻温度传感器。热电阻在科研和生产中经常用来测量 $-200\sim+850℃$ 区间内的温度。热电阻具有测量范围宽、精度高、稳定性好等优点，是广泛使用的一种测温元件。

（一）金属热电阻的特性

金属电阻一般表征为正温度特性，电阻随温度变化可用下式表示：

$$R_T=R_0（1+AT+BT^2+\cdots）$$

$$(3-1)$$

式中，R_T 为 $T℃$ 时的金属电阻值；R_0 为 $0℃$ 时金属电阻值；T 为测量温度；A 和 B 为金属电阻的温度系数，A 和 B 是温度的函数。但不同金属在不同温度范围内，A 和 B 可近似地视为一个常数，一般由实验决定。

1. 金属热电阻特性要求

①金属电阻相对温度系数 α。α 被定义为温度从 $0℃$ 变化到 $100℃$ 时电阻值的相对变化率，即

$$\alpha=\frac{dR/R}{dT}=\frac{1}{R}\frac{dR}{dT}=\frac{R_{100}-R_0}{R_0}\times\frac{1}{100}-\left(\frac{R_{100}}{R_0}\right)\times\frac{1}{100}$$

$$(3-2)$$

式中，R_{100}、R_0 分别代表热金属电阻 100℃和 0℃时的电阻值；α 为金属电阻相对温度系数。

α 值的大小表示了热电阻的灵敏度，它是由 R_{100}/R_0 所决定的，热电阻材料纯度越高，则值越大，那么热电阻的精度和稳定性就越好。是热电阻材料的重要技术指标。

②电阻率 β。β 值表示在单位体积时的电阻值，即

$$\beta = \frac{dR}{dV}$$

$$(3-3)$$

对于一定的电阻值来说越大，表明热电阻的体积越小，则热容量越小，动态特性也就越好。

所以，作为测量温度用的热电阻材料应具有以下特性：①高且稳定的电阻温度系数，电阻值与温度之间具有良好的线性关系；②热容量小、反应速度快；③材料的复现性和丁艺性好，便于批量生产，降低成本；④在使用范围内，其化学和物理性能稳定。

2. 金属热电阻材料

目前使用的热电阻材料有纯金属材质的铂（Pt）、铜（Cu）、镍（Ni）和钨（W）等，还有合金材质的铑铁及铂钴等，在工业中应用最广的热电阻材料是铂和铜。

3. 标准热电阻

（1）铂电阻

由于箱的物理、化学性质非常稳定，且具有测温范围广、精度高、线性好、材料易提纯和复现性好的特点，是目前制作热电阻的最好材料，但价格昂贵。铂电阻除用作一般工业测温外，主要作为标准电阻温度计、温度基准或标准的传递。在国际实用温标中，铂电阻作为 $-259.34 \sim 630.74$℃温度范围内的温度基准。

铂电阻的测温精度与铂纯度有关，铂的纯度通常用百度电阻比 W_{100} 表示，即

$$W_{100} = \frac{R_{100}}{R_0}$$

$$(3-4)$$

式中，R_{100}、R_0 分别为铂电阻在 100℃、0℃时的电阻值。

W_{100} 越大，表示铂电阻的纯度越高，测温精度也越高。国际实用温标规定，铂电阻作基准器使用时，$W_{100} \geqslant 1.3925$，其铂纯度为 99.9995%，测温精度达 $\pm 0.001℃$；一般工业 391，测温精度在 $-200 \sim 0℃$ 间为 $\pm 1℃$，在 $0 \sim 100℃$ 间为 $\pm 0.5℃$，在 $100 \sim 650℃$ 间为 $\pm (0.5\%) T$，T 为温度。

铂电阻的使用测温范围为 $-200 \sim 850℃$，其与温度的关系可表示为

$$\begin{cases} R_T = R_0 (1 + AT + BT^2) & 0℃ \leqslant T \leqslant 850℃ \\ R_T = R_0 [1 + AT + BT^2 + C(T - 100) T^3] & -200℃ \leqslant T \leqslant 0℃ \end{cases}$$

$$(3-5)$$

式中 R_T、R_0 分别为 $T℃$ 和 $0℃$ 铂电阻的电阻值；由实验测得 $A = 3.96847 \times 7^{-3}/℃$；$B = -5.847 \times 7^{-7}/℃2$；$C = -4.22 \times 7^{-12}/℃^4$。

根据式（3-5）制成的工业铝电阻主要的分度号有 Pt_{10} 和 Pt_{100} 两种，它们在 $0℃$ 时的阻值 R_0 分别为 100Ω 和 10Ω。铂电阻 Pt_{10} 热电阻感温元件是用较粗的铂丝绕制而成的，主要用于 $650℃$ 以上温区，Pt_{100} 热电阻主要用于 $650℃$ 以下温区。

（2）铜电阻

由于铜电阻与温度呈近似线性关系，且具有温度系数大，容易提纯，复制性能好，价格便宜，但温度超过 $100℃$ 时容易被氧化，电阻率小等特点，主要使用在 $150.℃$ 以下的低温、无水分、无侵蚀性介质的测量。

铜电阻的使用测温范围为 $-40 \sim +140℃$，分度号为 Cu_{50} 和 Cu_{100}，它们在 $0℃$ 时的阻值 R_0 分别为 50Ω 和 100Ω。铜电阻因为电阻率低，因而体积较大，热响应较慢。

（3）标准热电阻的分度表

标准热电阻的分度表是以列表的方式表示的温度与热电阻阻值之间的关系。与标准热电阻对应的分度表有 4 个，即，Pt_{10}、Pt_{100}、Cu_{50} 和 Cu_{100}。分度表是由标准热电阻数学模型计算得出的，在相邻数据之间可采用线性内插算法，求出中间值。

（4）标准热电阻的结构

热电阻丝必须在骨架的支持下才能构成测温元件。因此要求骨架材料的体膨胀系数要小，此外还要求其机械强度和绝缘性能良好，耐高温、耐腐蚀。常用的骨架材料有云母、石英、陶瓷、玻璃和塑料等，根据不同的测温范围和加工需要可选用不同的材料。

在工业上使用的标准热电阻的结构有普通型装配式和柔性安装型铠装式两种。装配式是将铂热电阻感温元件焊上引线组装在一端封闭的金属或陶瓷保护套管内，再装上接线盒而成。铠装式是将铂热电阻感温元件、引线、绝缘粉组装在不锈钢管内再经模具拉伸成为坚实的整体，它具有坚实、抗震、可挠、线径小、使用安装方便等特点。

（二）热电阻测量电路

采用热电阻构成的测温仪器有电桥、直流电位差计、电子式自动平衡计量仪器、动圈比率式计量仪器、动圈式计量仪器、数字温度计等。在这些仪器的测量电路中，为保证不同的测量精度，热电阻的导线连接方式有二线式、三线式和四线式。

1．二线测量电路

采用二线式连接方式的电路如图 3－1 所示。热电阻 R_x 接在电桥的测量臂上，L_1 和 L_2 分别为 R_x 到电桥的引线，其引线等效电阻分别为 r_1 和 r_2。

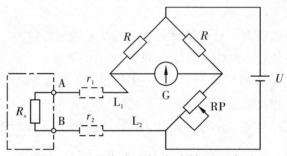

图 3－1　二线式连接方式的测温电路

由图 3－1 可以看出，热电阻 R_x 和引线等效电阻 r_1 和 r_2 一起构成电桥的测量臂。这样在测温时，测温结果中就引入了 r_1 和 r_2，随环境温度变化而产生的影响，从而影响了测温的精度。因此，二线式接线方式虽然配线简单，安装费用低，但不能消除连线电阻随温度变化引起的误差，不适用于高精度测温场合使用，而且应确保连线电阻值远低于测温的热电阻值。

采用热电阻进行高精度的温度测量时，一般不采用二线式连接方式。若采用这种接线方式也要使用电阻补偿导线。

2．三线测量电路

采用三线式连接方式的电路使用的导线必须是材质、线径、长度及电阻值相等，而且在全长导线内温度分布相同。这种方式可以消除热电阻内引线电阻的影响，适用于测温范围窄或导线长，导线途中温度易发生变化的场合，目前在工业检测中三线式的应用最广。

3．四线测量电路

为了消除热电阻测量电路中电阻体内导线以及连线引起的误差，在电桥及直流电位差计或数字电压表中，热电阻体采用四线连接方式，这样可用于对标准电阻温度计进行校正，并能对温度进行高精度的测量。

二、热敏电阻及温度检测

热敏电阻是其电阻值随温度变化而显著变化的半导体电阻。

（一）热敏电阻的特性

用半导体材料制成的热敏电阻与金属热电阻相比，具有如下特点：①电阻温度系数大、灵敏度高，是一般金属电阻的 $10\sim100$ 倍；②结构简单、体积小，可以测量点温度；③电阻率高、热惯性小，适宜动态测量；④阻值与温度变化呈线性关系；⑤稳定性和互换性较差。

大部分半导体热敏电阻中的各种氧化物是按一定比例混合的。多数热敏电阻具有负的温度系数，即当温度升高时，其电阻值下降，同时灵敏度也下降。这个特性限制了它在高温条件下的使用。目前热敏电阻使用的上限温度约为 300℃。

热敏电阻按温度特性可分为正温度系数（PTC）热敏电阻、负温度系数（NTC）热敏电阻和临界温度系数（CTC）热敏电阻三类。

NTC 热敏电阻常用于温度测量、温度补偿和电流限制等，适合制造连续作用的温度传感器；PTC 热敏电阻常用于温度开关、恒温控制和防止冲击电流等；CTC 热敏电阻常用于记忆、延迟和辐射热测量计等。

热敏电阻的电阻值与温度之间的关系为

$$R_{RT} = R_0 \exp B\left(\frac{1}{T} - \frac{1}{T_0}\right)$$

（3－6）

式中，R_{RT} 为温度 T（℃）时的电阻值；R_0 为温度 T_0（℃）时电阻值；B 为热敏电阻常数。

T_0 大都以 298.15 K（25℃）作为基准，电阻值与温度关系即 $1nR_{RT}$ 与 $1/T$ 为线性关系。热敏电阻的常数 B 的值由下式给出：

$$B = \frac{1nR_2 - 1nR_1}{(1/T_2) - (1/T_1)}$$

$$(3-7)$$

式中，R_1 为温度 T_1（℃）时电阻值；R_2 为温度 T_2（℃）时电阻值。

但实际上，电阻值与温度不是线性关系，因此，在进行精密测温时，电阻值与温度之间的关系可表示为

$$R = AT^{-c} \exp\left(\frac{D}{T}\right)$$

$$(3-8)$$

式中，A、C 与 D 为材料系数，材料不同其值不同。其中，C 值可正可负。

热敏电阻的温度系数定义为

$$\alpha = \frac{1}{R}\frac{dR}{dT} = -\frac{B}{T^2}$$

$$(3-9)$$

若热敏电阻中流经电流，则焦耳热使温度升高，这时，热敏电阻发热温度 T（℃）与环境温度 T_0（℃）以及消耗功率 P（W）之间的关系为

$$P = UI = k(T - T_0)$$

$$(3-10)$$

式中，k 为散热常数，意味着热敏电阻的温度每升高 1℃ 所需要的功率（mW/℃）。

散热常数 k 值由热敏电阻的形状、安装位置及周围媒介种类决定。

若热敏电阻的热容量为 H，散热常数为 k，当热敏电阻冷却时，温度从 T_0 变化到 T_a，对于任意变化时间 dt 要消耗 $k(T-T_a)dt$ 能量，若这时热敏电阻的温度变化为 dT，可得到

$$-HdT = k(T - T_n)dt$$

$$(3-11)$$

根据式（3-11），则有

$$T - T_a = (T - T_a)\exp\left(-\frac{t}{\tau}\right)$$

$$(3-12)$$

式中，t 为时间；τ 为 H/k；T 表示热敏电阻的温度。

令 $t = \tau$，若这时热敏电阻的温度为 T_d，则有

$$\frac{T_{\mathrm{d}}-T_{\mathrm{a}}}{T_{\mathrm{u}}-T_{\mathrm{a}}}=\frac{1}{e}=\frac{1}{2.718}=1-0.632$$

$$(3-13)$$

所以

$$T_{\mathrm{d}}=T_0-0.632\ (T_0-T_{\mathrm{n}})$$

$$(3-14)$$

同样，热敏电阻加热时，温度从 T_{a} 变化到 T_0 时，热敏电阻的温度 T_{w} 为

$$T_{\mathrm{u}}=T_{\mathrm{a}}+0.632\ (T_0-T_{\mathrm{a}})$$

$$(3-15)$$

（二）热敏电阻应用电路

1. 基本连接方式

热敏电阻的基本连接方式如图 3－2 所示。

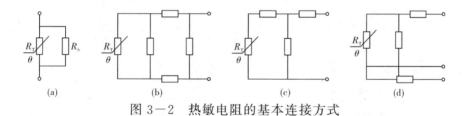

图 3－2　热敏电阻的基本连接方式

图 3－2（a）是一个热敏电阻 RT 与一个电阻 R_{S} 的并联方式，构成了简单的线性测温电路，在 50℃ 以下的范围内，其非线性可抑制在 $\pm1\%$ 以内，并联电阻 R_{S} 的阻值为热敏电阻 R_{T} 的阻值 R_{RT} 的 0.35 倍。图 3－2（b）、（c）为合成电阻方式，温度系数小，适用于温度测量的范围较宽，测量精度也较高的场合。图 3－2（d）为比率式，电路构成简单，具有较好的线性。

2. 温度测量电路

采用热敏电阻的温度测量电路如图 3－3 所示。

图 3－3（a）为并联方式，热敏电阻 R_{T} 与电阻 R_{S} 并联，输出 U_{O} 为

$$U_{\mathrm{O}}=\frac{R_{\mathrm{a}}}{R_{\mathrm{TH}}+R_{\mathrm{a}}}$$

$$(3-16)$$

式中，$R_{\mathrm{TH}}=R_{\mathrm{RT}}/\!/R_{\mathrm{S}}$。

由于这种电路非常简单，电源电压的变化会直接影响输出。因此，工作电源一般采用稳压电源。

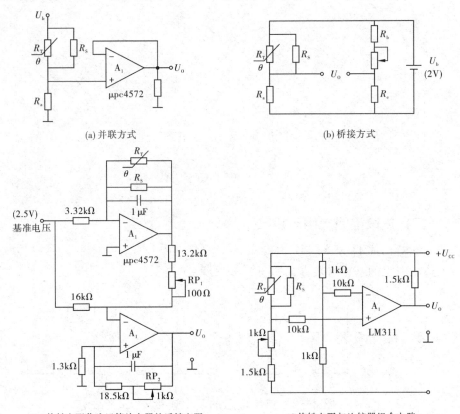

(a) 并联方式   (b) 桥接方式

(c) 热敏电阻作为运算放大器的反馈电阻   (d)热敏电阻与比较器组合电路

图 3—3   采用热敏电阻的温度测量电路

图 3—3（b）为桥接方式，热敏电阻作为桥的一臂，输出为桥路之差，即为

$$U_O = \left(\frac{R_a}{R_{TH}+R_a} - \frac{R_c}{R_b+R_c} \right) U_b$$

（3—17）

式中，$R_{TH} = R_{RT} /\!/ R_S$。

图 3—3（c）用热敏电阻作为运算放大器的反馈电阻的测温电路，电路中 2.5 V 基准电压与电阻形成的电流变换为与热敏电阻阻值变化相应的电压，这作为运算放大器的输出电压。该输出电压再经运算放大器 A_2 后会被扣除一定的偏置电压，于是 A_2 的输出电压信号与温度相对应。该电路的热敏电阻直接接在运算放大器构成的反相放大电路中，易受到外部感应噪声的影响，因此，

重要的是热敏电阻回路的布线要尽量短。

图 3－3（d）是热敏电阻与比较器组合的电路，其电路若达到设定温度，则比较器 A_1 开始工作，A_1 应具有适当时滞特性，这样，电路就具有较好的开关特性。

三、热电偶及温度检测

热电偶是一种结构简单、性能稳定、准确度高的温度传感器。其测温范围可达－200～1300℃，是工业现场使用最广泛的温度传感器之一。

（一）热电偶的工作原理

热电偶的基本工作原理是热电动势效应。即两种不同的金属导体 A 和 B 组成的闭合回路。当回路的两端分别放在温度不同的环境中（T_0 和 T），则在热电偶回路中将产生电流，产生这个电流的电动势称为热电动势，这种现象称为热电动势效应。热电偶就是根据这一原理制成的测温传感器。

构成热电偶的导体 A 和 B 称为热电极，通常把两热电极的一个端点固定焊接，用于对被测介质进行温度测量，这一接触点称为测量端或工作端，俗称热端；两热电极另一节点通常保持为某一恒定温度或室温，被称作基准点或参考端，俗称冷端。研究发现，热电效应产生的热电动势 E_{AB} （T，T_0）是由两种不同导体的接触电势和单一导体的温差电势组成，即热电动势 E_{AB}（T，T_0）两种材料的性质与两端点温度 T，T_0 有关，与热电极的尺寸和几何形状无关。

若使冷端温度 T_0 为给定的恒定温度，且取 $T_0=0$℃，则热电动势仅为工作端温度丁的单值函数，即

$$E_{AB}（T，T_0）=E_{AB}（T）-E_{AB}（T_0）=E_{AB}（T）-0=\Phi（T）$$

$$(3-18)$$

实验和理论都表明，在 A、B 间接入第三种材料 C，只要节点温度相同，则和直接连接时的热电动势一样。这样可以在热电偶回路中接入电位计，只要保证电位计与连接热电偶处的接触点温度相等，就不会影响回路中原来的热电动势。这一点很重要，它为热电偶测量时接测量引线带来方便。

（二）热电偶的类型

制作热电偶的材料一般要求是：热性能要稳定、电阻率小、电导率高、热电效应强、复制性好。适用于制作热电偶的材料有几百种，国际电工委员会（IEC）推荐了 7 种类型为标准化热电偶，分别是：铂铑$_7$-铂（S）、铂铑$_{13}$-铂（R）、铂铑$_{30}$-铂铑$_6$（B）、镍铬-镍硅（K）、镍铬-铜镍（E）、铁-铜镍（J）、铜-铜镍（T）热电偶。其中，铂铑-铂热电偶用于较高温度的测量，测量范围为 0～1800℃时，误差为±15％。K 型热电偶是贵重金属热电偶中最稳定的一种，用途很广，可在 0～1000℃（短时间可在 1300℃）下使用，误差大于 1％，其线性度较好。但这种热电偶不易做得均匀，误差比铂铑-铂大。铜-铜镍热电偶用于较低的温度（0～400℃）具有较好的稳定性，尤其是在 0～100℃范围内，误差小于 0.1℃。

在热电偶中，写在前面的热电极为正极，写在后面的为负极。其中，B、R、S 和 K 型热电偶适应氧化性环境及还原性环境；E、J 和 T 型热电偶适应还原性环境，而不适应氧化性环境。因此，要根据使用场所与周围环境选用热电偶，并将其放在保护管内使用。B、R 和 S 型热电偶的线性度较差，但稳定、蠕变小，而且可靠性高，因此，适合高温情况下使用，在低温时也可用作标准热电偶。高温以外的情况下可使用 K、E、J 和 T 型热电偶，即测量温度为 1000℃时选用 K 型热电偶，测量温度为 700℃以下选用 E 型热电偶，测量温度为 600℃左右选用 J 型热电偶，测量温度为 300℃以下选用 T 型热电偶即可。

国际计量委员会已对上述热电偶的化学成分和每摄氏度的热电势做了精密测试，并公布了它们的分度表（$t_0 = 0℃$），即热电偶自由端（冷端）温度为 0℃时，热电偶工作段（热端）温度与输出热电势之间的对应关系的表格。

（三）热电偶的结构形式及安装工艺

1. 热电偶的结构形式

在工业生产中，热电偶有各种结构形式，最常用的有普通型、铠装型和薄膜型热电偶。

普通型热电偶主要用于测量气体、蒸汽和液体等介质的温度。可根据测量条件和测量范围来选用，为了防止有害介质对热电极的侵蚀，工业用的热电偶一般都有保护套。热电偶的外形有棒形、三角形、锥形等，它和外部设备的安装方式有螺纹固定、法兰盘固定等。其结构与前述热电阻一样，这里不再赘述。

铠装热电偶的制造工艺是把热电极材料与高温绝缘材料（高纯脱水氧化镁或氧化铝）预置在金属保护套管（材料为不锈钢或镍基高温合金）中，运用同比例压缩延伸工艺将这三者合为一体，制成各种直径和规格的铠装偶体，再截取适当长度，将工作端焊接密封，配置接线盒即成为柔软、细长的铠装热电偶。根据工作端加工的形状，铠装型热电偶又分为碰底型、不碰底型、露头型和帽型等。

铠装型热电偶特点是内部的热电偶丝与外界空气隔绝，有着良好的抗高温氧化、抗低温水蒸气冷凝、抗机械外力冲击的特性。它还可以制作得很细，能解决微小、狭窄场合的测温问题，且具有抗震、可弯曲、超长等优点，所以铠装型热电偶应用更为普遍。

薄膜型热电偶是由两种金属薄膜连接而成的一种特殊结构的热电偶，它的工作端既小又薄，热容量很小，可用于微小面积上的温度测量；动态响应快，可测快速变化的表面温度。片状薄膜型热电偶如采用真空蒸镀法将两种电极材料蒸镀到绝缘基板上，其厚度为 $0.01\sim0.1\mu m$，上面再蒸镀一层二氯化硅薄膜作为绝缘和保护层。

2. 热电偶的安装工艺

①为确保测量的准确性，应根据工作压力、温度、介质等方面因素，选择合理的热电偶结构和安装方式。

②选择测温点要具有代表性，即热电偶的工作端不应放置在被测介质的死角，应处于管道流速最大处。

③要合理确定插入深度，一般管道安装取 150～200 mm，设备上安装取小于等于 400 mm。

a. 管道安装通常使工作端处于管道中心线 1/3 管道直径区域内。

b. 在安装中常采用直插、斜插（45。角）等插入方式，如管道较细，宜采用斜插。在斜插和管道肘管（弯头处）安装时，其端部应正对着被测介质的流向（逆流），不要与被测介质形成顺流。

c. 对于在管道公称直径 DN<80 mm 的管道上安装热电偶时，可以采用扩大管。

④在测炉膛温度时，应避免热电偶与火焰直接接触，避免安装在炉门旁或与加热物体距离过近之处。在高温设备上测温时，应尽量垂直安装。

⑤热电偶的接线盒引出线孔应向下，以防密封不良而使水汽、灰尘与脏物落入，影响测量精度。

⑥为减少测温滞后，可在保护外套管与保护管之间加装传热良好的填充物，如变压器油（小于 150℃）或铜屑、石英砂（大于 150℃）等。

（四）热电偶的应用技术

1. 热电偶的使用温度与线径

热电偶使用时有两种温度：一种是常用温度，另一种是过热温度。常用温度是热电偶在空气中连续使用时的温度，过热温度是短时间使用的温度。

热电偶的使用温度与线径有关，线径越粗，使用温度越高。因此，在高温而较长时间进行温度测量时，要选用线径尽量粗的热电偶。但线径越粗，响应时间越长，因此，在对响应时间要求短，或使用短线热电偶时，可选用线径较细的热电偶。

2. 热电偶的冷端处理及补偿

由式（3—18）可知，热电偶的热电势的大小与热电极材料和两个接触点温度有关。只有在热电极材料一定，其冷端温度 T_0 保持恒定情况下，其热电势 E_{AB}（T，T_0）为工作端温度 T 的单值函数。这样只要将冷端温度 T_0 设置为基准节点，热电偶的热电势大小就由其热端到基准接触点间的温差决定。由于热电偶的标准分度表是在其冷端处于 0℃ 的条件下测得的电动势的值，因此，热电偶在使用时，要直接应用标准分度表或分度曲线，就必须满足 T_0＝0℃ 的条件。

在实际工程测量中，因热电偶长度受到限制，冷端温度直接受到被测介质与环境温度的影响，不仅很难保持在 0℃，而且会产生较大的波动，这必然会引入测量误差。因此，必须对冷端进行处理，并对冷端温度进行补偿。

（1）补偿导线法

为了使热电偶冷端远离被测介质不受其温度场变化的影响，而采用廉价的补偿导线将热电偶与测量电路相连接的方法。为了使接上补偿导线后不改变热电偶测量值，要求：在一定温度范围内补偿导线必须与热电偶的热电极具有相同或相近的热电特性；保持补偿导线与热电偶的两个接触点温度相等。

补偿导线随使用的热电偶及其构成材料的不同而不同，它要与各自对应的热电偶组合使用。

采用补偿导线要注意以下两点：其一，热电偶的长度由补偿节点的温度决定。热电偶长度与补偿导线长度要匹配，例如，热电偶长 50 cm、补偿导线长 5 m 为宜。热电偶与补偿导线节点（这点称为补偿节点）的温度不能超过补偿导线的使用温度。若热电偶变冷，需要把热电偶伸长到补偿导线的使用温度范围。因此，测温节点温度高，热电偶可延长，温度低，热电偶可缩短。其二，热电偶与计量仪器之间增加一个温度节点（补偿节点），误差要尽可能地小。为此，节点要紧靠，做到不产生温差。

（2）0℃恒温法

将热电偶的冷端置于盛满冰水混合液 0℃ 恒温容器内，使冷端温度保持在 0℃，从而达到标准分度表的工作条件。此方法常用于实验室温度测量及温度计校准等要求精度较高的场合。

（3）机械零位调整法

当热电偶与动圈式仪表配套使用时，若热电偶的冷端温度相对恒定，对测量准确度要求不高时，可在仪表未工作前将仪表机械零位调至冷端温度处。由于外线路电势输入为零，调整机械零位相当于预先给仪表输入一个电势 E_{AB}（T，0）当接入热电偶后，外电路热电势 E_{AB}（T，T_0）与表内预置电势 E_{AB}（T，0）叠加，使回路总电势正好为 E_{AB}（T，0），仪表直接指示出热端温度 T。

在用此方法时，应先将仪表电源和输入信号切断，再将仪表指针调整到进行刻度处。当冷端温度变化时，应及时修正指针位置。这种方法操作简单，在工业上普遍采用。

（4）电桥补偿法

电桥补偿法是利用不平衡电桥产生的电势来补偿热电偶因冷端温度变化而引起的热电势变化值，可以自动地将冷端温度校正到补偿电桥的平衡温度上。

传感器与自动检测技术研究

不平衡电桥的输出串联在热电偶回路中。桥臂电阻分别为用锰铜线绕制的 R_1、R_2、R_3 和铜电阻 R_{Cu}。由于 R_{Cu} 温度系数较大，其电阻值随温度变化而有较大变化，使用时应使 R_{Cu}，与热电偶的冷端处于同一个温场中。R_S 为用锰铜线绕制的限流电阻，其电阻值几乎不受温度的影响。

电桥的设计是在某一温度下，使 R_{Cu} 的阻值与 R_1、R_2、R_3 的相同，电桥处于平衡状态无输出，此温度称为电桥平衡温度。当冷端的环境温度变化时，电桥平衡被打破，就产生不平衡电压 U_{ab}。若冷端的环境温度升高，热电偶的热电势就减小，由于增大，使电桥输出 U_{ab} 增大，这样就实现了对热电势减小的补偿。通过调节限流电阻 R_S，可以使在一定温度范围内 U_{ab} 等于热电偶热电势的减小量，则二者相互抵消，因此电桥起到了冷端温度变化的自动补偿作用。

补偿电桥又称为热电偶冷端温度补偿器，不同的热电偶要配套对应型号的补偿电桥。

（5）计算修正法

在用热电偶实际测温时，由于其冷端温度为 $T_n \neq 0℃$，则此时实测的热电势为 $E_{AB}(T, T_n)$；设在冷端温度为 $0℃$ 时测得的热电势为 $E_{AB}(T, 0)$，很明显，在冷端温度为 T_n 时测得的热电势与冷端温度为 $0℃$ 时的不相等。根据式（3－18），可以用下式进行修正：

$$E_{AB}(T, 0) = E_{AB}(T, T_n) \pm E_{AB}(T_n, 0)$$

$$(3-19)$$

式中，$E_{AB}(T_n, T_0)$ 为冷端温度 $T_n \neq 0℃$ 时产生的热电势。

由式（3－19）可知，将实际测得的热电势为 $E_{AB}(T, T_n)$ 与热电偶工作于 T_n 和 $0℃$ 间的热电势 $E_{AB}(T, 0)$ 相加，即可将实际测得的热电势修正为冷端温度为 $0℃$ 时的 $E_{AB}(T, 0)$，这样便于利用标准分度表得到热端温度值。

此方法适合于微机检测系统，即通过其它方法将采集到的几输入微机，用软件进行处理，可实现检测系统的自动补偿。

3. 热电偶实用测量电路

（1）测量某点温度的基本电路

热电偶直接和仪表配用的测温电路如图 3－4 所示。

--86

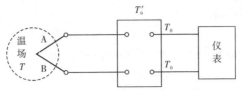

图 3—4   热电偶基本测温电路

（2）热电偶反向串联电路

将两个同型号的热电偶配用相同的补偿导线，反向串联，如图 3—5 所示。这种电路两热电势反向串联，仪表可测得 T_1 和 T_2 之间的温度差值。

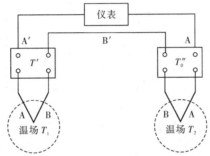

图 3—5   热电偶反向串联测量电路

（3）热电偶并联电路

用几个同型号的热电偶并联在一起，在每一个热电偶线路中分别串联均衡电阻 R，并要求热电偶都工作在线性段，如图 3—6 所示。根据电路理论，当仪表的输入阻抗很大时，回路中总的热电势等于热电偶输出电势之和的平均值，即

$$E_T = \frac{E_1 + E_2 + E_3}{3}$$

(3—20)

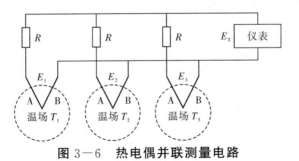

图 3—6   热电偶并联测量电路

（4）热电偶串联电路

热电偶串联电路如图 3－7 所示。用几个同型号的热电偶依次将正负相连，A'、B' 是与测量热电偶热电性质相同的补偿导线。回路总的热电势为

$$E_T = E_1 + E_2 + E_3$$

$$(3-21)$$

这种电路输出电势大，可感应较小的信号。但只要有一个热电偶断路，总的热电势消失；若热电偶短路，则会引起仪表值的下降。

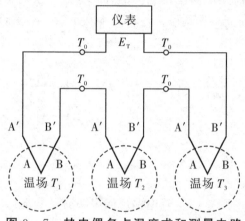

图 3－7　热电偶多点温度求和测量电路

四、集成温度传感器

集成温度传感器是利用晶体管 PN 结的正向压降随温度升高而降低的特性来实现测温的，它是将作为感温元件的晶体管 PN 结和放大电路、补偿电路等集成，并封装在同一壳体里的一种一体化温度检测元件。集成温度传感器除了与半导体热敏电阻一样具有体积小、反应快的优点外，还具有线性好、性能高、价格低、抗干扰能力强等特点，在许多领域得到了广泛的应用。由于 PN 结的耐热性能和特性范围受到限制，因此只能用来测 150V 以下的温度。

集成温度传感器按输出信号可分为电压型和电流型两种，其输出电压或电流与绝对温度呈线性关系。电压型集成温度传感器一般为三线制，其温度系数约为 10mV/℃，常用的有 LM34/LM35、LM135/LM235、TMP36、36，/pc616C、AN6701 等；电流型集成温度传感器一般为二线制，其温度系数约为 1μA/℃，常用的有 LM134/LM234、TMP17，AD590，AD592 等。随着技术的发展，现在涌现出大量数字式集成温度传感器，如 TMP03/04、AD7416 等。下面以电流型集成温度传感器 AD590 为例，介绍集成温度传感

器的工作原理与应用，同时简单介绍电压型集成温度传感器 LM35 和智能温度控制器 DS18B20 的应用。

（一）电流型集成温度传感器 AD590 及其应用

1. 工作原理

AD590 属于电流型集成温度传感器，电流型集成温度传感器是一个输出电流与温度成比例的电流源，由于电流很容易变换成电压，因此这种传感器应用十分方便。需要指出的是，AD590 的输出电流是整个电路的电源电流，而这个电流与施加在这个电路上的电源电压几乎无关。

图 3－8 是简化的电流型集成温度传感器的基本原理图，图中 VT_1、VT_3、VT_9、VT_{11} 是关键的元件，管子旁边标注的数字是发射区的等效个数，如 PNP 管 VT_1 和 VT_3 的发射区面积是 VT_6 管的 2 倍。NPN 管 VT_9 的发射区面积是 VT_{10}、VT_{11} 发射区面积的 8 倍。VT_7、VT_8 的工作电流来自二极管接法的 VT_{10}。

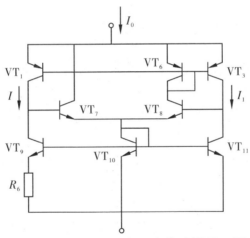

图 3－8　电流型集成温度传感器原理图

由于 VT_1 和 VT_3 的等效发射区个数都是 2，基极又连在一起，因此，它们的集电极电流都是 I_1。VT_{10} 与 VT_{11} 的几何尺寸相同，VT_{11} 的集电极电流数值上等于 VT_{10} 的集电极电流。这就意味着 VT_7 和 VT_8 的总工作电流亦为 I_1。因 VT_8 的发射区面积为 VT_3 管的一半，则流过 VT_8 的集电极电流（VT_6 管电流）为 $I_1/2$，显然流过 VT_7 管的集电极电流亦为 $I_1/2$。由图 3－8 可写出

$$U_{BE9} + I_1 R_6 = U_{BE11}$$

$$(3-22)$$

又因

$$U_{BE9} = \frac{kT}{q} \ln \frac{I_1}{I_{S9}}$$

$$(3-23)$$

则

$$U_{BE11} = \frac{kT}{q} \ln \frac{I_1}{I_{S11}}$$

$$(3-24)$$

式中，U_{BE9}（U_{BE11}）为电压降；k、q 为常数；I_{S9}（I_{S11}）分别为 VT_9（VT_{11}）管发射结反向饱和电流。

由式（3－22）、式（3－23）和式（3－24）可以得到

$$I_1 = \frac{kT}{qR_6} \ln \frac{I_{S9}}{I_{S11}} = \frac{kT}{qR_6} \ln 8 \quad (I_{59} = 8I_{S11})$$

$$(3-25)$$

由以上分析可得到，芯片总工作电流为

$$I_0 = 3I_1 = \frac{3kT}{qR_6} \ln 8 = k_1 T$$

$$(3-26)$$

式中，$k_1 = \frac{3k \ln 8}{qR_6}$。

式（3－26）表明：总电流 I_0 与绝对温度成正比。如果取 $R_6 = 538\ \Omega$，$k/q = 0.086\text{mV/K}$，则温度系数 $k_1 = 1\mu A/K$。

AD590 的工作原理与图 3－8 所示电路基本相同，它只需单电源工作，抗干扰能力强，需求的功率很低（1.5 mW/＋5 V/＋25℃），使得 AD590 特别适于进行运动测量。因为 AD590 是高阻抗（710 MΩ）电流输出，所以长线上的电阻对器件的工作影响不大。用绝缘良好的双绞线连接，可以使器件在距电源 25 m 处正常工作。高输出阻抗又能极好地消除电源电压漂移和纹波的影响，电源由 5 V 变到 10 V 时，最大只有 1μA 的电流变化，相当于 1℃的等效误差。还要指出的是，AD590 能经受高至 44 V 的正向电压和 20 V 的反向电压，因而不规则的电源变化或管脚反接也不会损坏器件。

AD590 的主要特征为：①线性电流输出为 1μA/K；②测温范围宽，－55～150℃；③二端器件，即电压输入、电流输出；④精度高，±0.5t（AD590M）；⑤线性度好，在整个测温范围内非线性误差小于±0.3（AD590M）；⑥工作电压范围宽（4～30 V）；⑦器件本身与外壳绝缘；⑧成本低。

2．AD590 的应用

（1）连接方式

AD590 可串联工作也可并联工作，如图 3－9 所示。

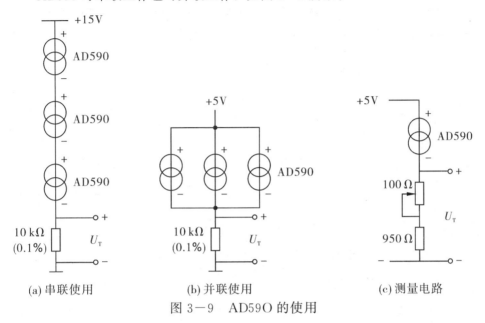

(a) 串联使用　　　　　(b) 并联使用　　　　　(c) 测量电路

图 3－9　AD590 的使用

图 3－9（a）中，将几个 AD590 单元串联使用时，显示的是几个被测温度中的最低温度；图 3－9（b）中，将几个 AD590 单元并联使用时，可获得被测温度的平均值。图 3－9（c）为 AD590 的基本测温电路，它将电流信号转化为电压信号输出。因为流过 AD590 的电流与热力学温度成正比，当 950 Ω 电阻和电位器电阻之和为 1 kΩ 时，输出电压 U_T 随温度的变化为 1 mV/K。由于 AD590 的增益有偏差，电阻也有误差，因此应对电路进行调整。调整方法为：把 AD590 放于冰水混合物中，调整电位器，使 $U_T=273.2$ mV。

（2）AD590 的测温放大电路

图 3－10 是采用 AD590 的测温放大电路，电路中 7650 是具有斩波自动稳零功能的运算放大器。直流电压 $+U_{cc}$ 通过电阻 R_1、电位器 RP_1 加到 AD590 上，AD590 的输出电流在 R_1、RP_1 上产生电压降，使放大器 7650 反相输入端的电位随温度而变化，在电路输出端可获得与被测温度成正比的直流电压。

电路中的 RP_1 用于调零，RP_2 用于满刻度调整，这样可以极大地改善 AD590 非线性引起的误差，RP_3 用于调节放大器 7650 的输入失调，7650 输出端的 R_5 和 C_3 构成滤波器用于滤除斩波尖峰干扰。该电路的测温范围为 $0 \sim 100℃$，相应输出为 $0 \sim 5$ V。为了降低噪声，放大器的外接电阻选用低噪声精密金属膜电阻，电容选用低损耗电容器，电位器选用精密线绕电位器。

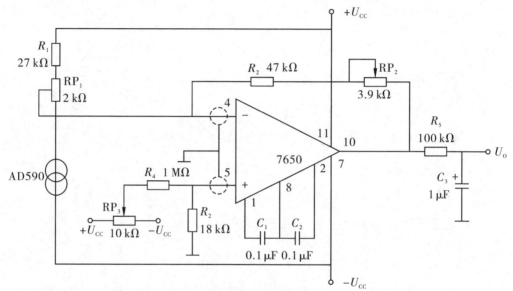

图 3—10　采用 AD590 的测温放大电路

（二）电压型集成温度传感器及其应用

1. LM135 系列温度传感器

LM135 系列是一种电压输出型精密集成温度传感器。它工作类似于齐纳二极管，其反向击穿电压随绝对温度以 +10mV/K 的比例变化，工作电流为 $0.4 \sim 5$ mA，动态阻抗仅为 1Ω，便于和测量仪表配接。这种温度传感器具有测量精度高、应用简单等优点。LM135 系列温度传感器的测温范围很宽，LM135 的测温范围为 $-55 \sim +150℃$，LM235 和 LM335 的测温范围分别为 $-40 \sim +125℃$ 和 $-40 \sim +100℃$。

2. LM35 电压型集成温度传感器

LM35 它具有很高的工作精度和较宽的线性工作范围，该器件输出电压与摄氏温度线性成比例。因而，从使用角度来说，LM35 与用开尔文标准的线性温度传感器相比更有优越之处，LM35 无需外部校准或微调，可以提供

±1/4℃的常用的室温精度，LM35从电源吸收的电流很小（约 60 mA），基本不变，所以芯片自身几乎没有散热的问题。

LM35 和 LM135 系列相比，LM35 就相当于是无需校准的 LM135，而且测量精度比 LM135 高，不过价格也稍高。这里就以 LM35 介绍电压输出型集成温度传感器的应用。

3．LM35 的特性

LM35 的主要特性为：①工作电压为 4～30 V（直流）；②工作电流小于133 MA；③输出电压为+6～−1.0 V；④输出阻抗为 0.1Ω（1 mA 负载时）；⑤精度为 0.5℃精度（在+25℃时）；⑥漏泄电流小于 60μA；⑦比例因数为+10.0 mV/℃（线性）；⑧非线性值为±1/4℃；⑨封装采用密封 TO−46、塑料 TO−92、贴片 SO−8 和 TO−220；⑩使用温度范围为−55～+150℃（额定范围）。

4．LM35 的应用

（1）基本使用电路

单电源供电时，通过在输出端 U_{out} 接一个电阻，在 GND 引脚对地之间串接两个二极管，就可以得到全量程的温度范围，电路如图 3−11（a）所示。图中，电阻为 18 kΩ 的普通电阻，VD_1、VD_2 为 1N4148，+U_O 为与温度相应的输出电压。

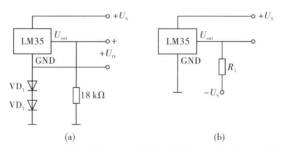

图 3−11 采用 LM35 构成的单电源温度传感器电路

在双电源供电情况下，在输出端与负电源接一个电阻，就可以得到全量程的温度范围，电路如图 3−11（b）所示。R_1 的阻值由下式决定：

$$R_1 = -\frac{U}{50\mu A}$$

$$(3-27)$$

（2）温度/频率转换电路

采用温度传感器 LM35D 的温度/频率转换电路如图 3-12 所示。它将 20～150℃的温度转换为 200～1500 Hz 的 TTL 电平的输出频率的信号，其测量温度范围为-55～+150℃，灵敏度为 10 mV/℃。当测温范围为 2～150℃时，其输出电压为 20～1500 mV。电压/频率（V/F）转换器采用 LM331，R_1C_1 构成低通滤波器滤除 LM35D 的输出噪声。RP_1 用于调零，当温度为 2℃时，调整 RP_1，使输出频率 f_0 为 20 Hz。RP_2 用于范围调整，当温度为 150℃时，调整 RP_2，使输出频率 f_0 为 1500Hz。

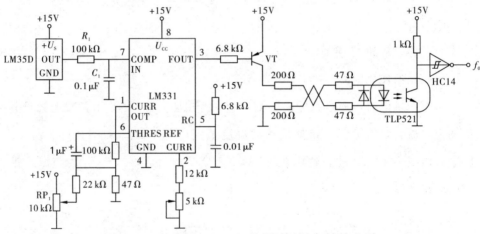

图 3-12　采用 LM35D 的温度/频率转换电路

V/F 输出通常是以 TTL 电平脉冲列传送出去，这里 LM331 输出通过 VT 放大为 0/20 mA 的电流脉冲列，即电流 0 对应的逻辑 0 电平，电流 20 mA 对应的逻辑 1 电平。采用扭绞二线电缆进行远距离传送，接收部分采用光耦合器 TLP521 进行隔离。0/20 mA 的电流脉冲列直接驱动 TLP501，HC14 输出 f_0 为 20～1500 Hz 的 TTL 电平的频率信号，接到 F/V 转换器或者计数器进行必要的处理。

第二节 非接触式温度传感器及其检测技术

一、红外传感器及温度检测

红外检测技术最早是为科学和军事用途而研制、开发的，随着半导体技术及新型材料的发展，生产成本不断下降，各种廉价的红外线传感器相继问世，逐步被应用于各行业中。如：工业中自动化仓库、生产线或输送带上对所传送物体探测，热处理和加工过程中的检查，铸件、焊件的非破坏性检验，各种加工过程中的发热和热分布的监测，航空航天红外系统搜索、跟踪制导、非接触引信，安全保卫中红外探测和报警，医学红外线图像诊断，红外气体分析。

（一）红外辐射的物理基础

红外辐射俗称红外线，是一种不可见光。红外辐射是由于物体受热而引起内部分子的转动及振动而产生的。所以在自然界中任何物体只要其温度高于绝对零度（$-273.15℃$），就会有红外线向外辐射。也就是说，在一般的常温下，所有的物体都是红外辐射的发射源。

红外线的波长介于可见光和微波之间，波长范围大致在 $0.77\sim100\mu m$ 分为近红外区、中红外区、远红外区或极远红外区，对应的频率大致在 $4\times10^{14}\sim3\times10^{11}$ Hz 之间。如人体温度为 $36\sim37℃$，所辐射的红外线波长为 $9\sim10\mu m$（属于远红外线区），物体被加热到 $400\sim700℃$ 时，其所辐射的红外线波长为 $3\sim5\mu m$（属于中红外线区）。由此可见，红外线的本质与可见光或电磁波性质一样，沿直线传播；它具有反射、折射、散射、干涉、吸收等特性，在真空中也以光速传播，并具有明显的波粒二相性。

金属对红外辐射的衰减作用非常大，一般金属材料基本上不能透过红外线；大多数的半导体材料及一些塑料能透过红外线；液体对红外线的吸收较大，例如深 1 mm 的水对红外线的透明度很小，当厚度达到 1 cm 时，水对红外线几乎完全不透明了；气体对红外辐射也有不同程度的吸收，例如大气

（含水蒸气、二氧化碳、臭氧、甲烷等）就存在不同程度的吸收，它对波长为$1\sim5\mu m$、$8\sim14\mu m$之间的红外线是比较透明的，对其他波长的透明度较差。介质的不均匀，晶体材料的不纯洁、有杂质或悬浮小颗粒等，都会对红外辐射产生散射。采用红外线作为媒介来实现某些非电量的测量方法，比可见光作为媒介的检测方法具有以下优点：

①红外线（指中、远红外线）不受周围可见光的影响，可在昼夜进行测量；

②由于待测对象自辐射红外线，故不必设光源；

③大气对某些特定波长范围内的红外线吸收甚少（$2\sim2.6\mu m$、$3\sim5\mu m$、$8\sim14\mu m$三个波段称为"大气窗口"），适用于遥感技术。

（二）红外传感器

红外传感器是能将红外辐射量变化转换成电量变化的装置，一般由光学系统、红外探测器、信号调理电路及显示单元等组成。其中，红外探测器是能将红外辐射能转换成电信号的光敏器件，是红外传感器的核心，一般红外传感器也称为红外探测器。红外探测器按探测机理不同可分为热探测器和光子探测器两大类。

1. 热探测器

热探测器的工作机理是利用红外辐射的热效应、探测器的敏感元件吸收辐射能后引起温度升高，进而使某些有关物理参数发生相应变化，通过测量物理参数的变化来确定探测器所吸收的红外辐射。与光子探测器相比，热探测器的探测率比光子探测器的峰值探测率低、响应时间长，但热探测器的主要优点是响应波段宽，可以在常温下工作、使用方便、价格低廉。热探测器主要有四类：热释电型、热电阻型、热电偶型和气体型。

2. 光子探测器

光子探测器的工作机理是利用入射光辐射的光子流与探测器材料中的电子互相作用，从而改变电子的能量状态，引起各种电学现象，这种现象称为光子效应。光子探测器有内光电和外光电探测器两种，后者又分为光电导、光生伏特和光磁电探测器三种。光子探测器的主要特点是灵敏度高、响应速度快以及具有较高的响应频率，但探测波段较窄，一般需在低温下工作，故需要配备液氮、液氮制冷设备。

（三）热释电红外传感器

由于热释电型在热探测器中探测率最高，频率响应最宽，应用范围最广，这里重点介绍热释电型探测器。

1. 热释电效应

当一些被称为"铁电体"的电解质材料受热时，在这些物质的表面将会产生数量相等而符号相反的电荷，这种由于热变化产生的电极化现象称为热释电效应，是热电效应的一种。

2. 热释电效应红外线光敏元件的材料

能产生热释电效应的物体称为热释电体，又称热电元件。热电元件的常用材料有钽酸锂（$LiTaO_3$）、硫酸三甘肽（LATGS）单晶、$PbTiO_3$（钛酸铅）、钛锆酸铅（PZT）压电陶瓷和聚偏二氟乙烯（PVF_2）高分子薄膜等。

需注意的是，热释电效应产生的表面电荷不是永存的，只要一出现，很快便会被空气中的各种离子所中和。因此，用热释电效应制成红外传感器，往往在它的元件前面加机械式的周期遮光装置，以使此电荷周期性地出现。

3. 热释电红外传感器的结构

热释电红外传感器的结构主要由外壳、滤光片、热电元件 PZT、结场效应管 FET，电阻、二极管等组成，并向壳内充入氮气封装起来。

热释电红外传感器的滤光片设置在窗口处，组成红外线通过的窗口。滤光片为 $6\mu m$ 多层膜干涉滤光片，它对 $5\mu m$ 以下短波长光有高反射率，而对 $6\mu m$ 以上人体发射出来的红外线热源（$10\mu m$）有高穿透性，阻抗变换用的 FET 管和电路元件放在管底部分。敏感元件用红外线热释电材料 PZT（或其它材料）制成很小的薄片，再在薄片两面镀上电极，构成两个反向串联的有极性的小电容。当入射的能量顺序地射到两个元件时，由于是两个元件反相串联，故其输出是单元件的两倍；由于两个元件反相串联，对于同时输入的能量会相互抵消。由于双元件红外敏感元件具有上面的特性，可以防止因太阳光等红外线所引起的误差或误动作；由于周围环境温度的变化影响整个敏感元件产生温度变化，两个元件产生的热释电信号互相抵消，起到补偿作用。

热释电红外传感器用于测量温度时其工作波长为 $1\sim20\ \mu m$，测温范围可达-80~1500℃；用于火焰探测时其工作波长为 $4.2 \sim 4.5 \mu m$；用于人体探测时其工作波长为 $7 \sim 15 \mu m$ 等。

(四) 光子型红外传感器

1. PbS 红外光敏元件及其工作原理

首先在玻璃基板上制成金电极，然后蒸镀 PbS 薄膜，再引出电极线即成该元件。为防止 PbS 氧化，一般将 PbS 光敏元件封入真空容器中，并用玻璃或蓝宝石做光窗。

PbS 红外光敏元件对近红外光到 $3 \mu m$ 红外光有较高的灵敏度，可在室温下工作。当红外光照射在 PbS 光敏元件上时，因光电导效应，PbS 光敏元件的阻值发生变化，电阻的变化引起 PbS 光敏元件两电极间电压的变化。

2. ZnSb 红外光敏元件及工作原理

ZnSb 红外光敏元件其结构和具有 PN 结的光敏二极管相似。它是将杂质 Zn 等用扩散结渗入 N 型半导体中形成 P 层构成 PN 结，再引出引线制成的。当红外光照射在 ZnSb 元件的 PN 结上时，因光生伏特效应，在 ZnSb 光敏元件两端产生电动势，此电动势的大小与光照强度成比例。

ZnSb 红外光敏元件灵敏度高于 PbS 红外光敏元件，能在室温或低温下工作。在低温下工作时，可采用液态氮进行冷却。

(五) 红外传感器使用中应注意的问题

红外传感器是红外探测系统中很重要的部件，但它比较娇气，使用中稍有不注意就可能导致红外传感器损坏。因此，红外传感器在使用中应注意以下几点：

①必须首先注意了解红外传感器的性能指标和应用范围，掌握它的使用条件。

②必须关注传感器的工作温度，一般要选择能在室温下工作的红外传感器，便于维护。

③适当调整红外传感器的工作点，一般情况下，传感器有一个最佳工作点，只有工作在最佳偏流工作点时，红外传感器的信噪比最大，实际工作点最好稍低于最佳工作点。

④选用适当前置放大器与红外传感器配合，以获取最佳探测效果。

⑤调制频率与红外传感器的频率响应相匹配。

⑥传感器光学部分不能用手摸、擦，防止损伤与沾污。

⑦传感器存放时注意防潮、防振、防腐。

（六）红外传感器在温度检测中的应用

红外测温传感器就是利用物体的辐射能量随其温度而变化的原理制成的传感器。

1．红外测温的特点

①红外测温是远距离和非接触测温，特别适合于高速运动物体、带电体、高温及高压物体的温度测量。

②红外测温反应速度快。它不需要与物体达到热平衡的过程，只要接收到目标的红外辐射即可定温，反应时间一般都在毫秒级甚至微秒级。

③红外测温灵敏度高。因为物体的辐射能量与温度的四次方成正比，物体温度微小的变化就会引起辐射能量成倍的变化，红外传感器即可迅速地检测出来。

④红外测温准确度较高。由于是非接触测量，不会破坏物体原来温度分布状况，因此测出的温度比较真实，其测量准确度可达到 0.1℃以内，甚至更小。

⑤红外测温范围广泛。红外传感器可测量摄氏零下几十度到零上几千度的温度范围。

2．红外测温原理与方法

红外测温原理是通过测量被测物体的辐射能，通过计算而获取被测物体的温度。但实际上要测得被测物体的辐射能是很困难的，常采用替代法：将一个黑体（工业黑体模型）加热至某一温度，使其产生的辐射能和被测物体温度在某一温场下产生的辐射能相同，这样通过计算即可获得被测物体的实际温度。上述替代法的前提条件是：工业黑体模型和被测物体都要通过同样的光学系统，并作用在相同的探测器（热电堆、热电偶、热敏电阻等）上，使它们产生的电量变化是相同的。

根据上述原理，利用红外实现测温的方法有辐射法、亮度法和比色法。

其中，辐射法测量简单、快速，相对灵敏度和被测温度辐射波长无关，但受被测体与检测仪表间的介质波动影响大，测量力也小；亮度法相对灵敏度与被测温度和所选定的波长成反比，误差介于辐射法和比色法之间；比色法相对灵敏度与被测温度 T 成反比，误差受比色发射率影响小，且受被测物与仪表之间的中间介质波动影响亦小。

二、光纤传感器及温度检测

光纤传感器（FOS Fiber Optical Sensor）是 20 世纪 70 年代中期发展起来的一种基于光导纤维的新型传感器。它是光纤和光通信技术迅速发展的产物，它与以电为基础的传感器有本质区别。光纤传感器用光作为敏感信息的载体，用光纤作为传递敏感信息的媒质。因此，它同时具有光纤及光学测量的特点：①电绝缘性能好；②抗电磁干扰能力强；③非侵入性好；④灵敏度高；⑤容易实现对被测信号的远距离监控。光纤传感器可测量位移、速度、加速度、液位、应变、压力、流量、振动、温度、电流、电压、磁场等物理量。

（一）光纤传光原理及主要参数

1. 光纤传光原理

光纤呈圆柱形，它由玻璃纤维芯（纤芯）和玻璃包皮（包层）两个同心圆柱的双层结构组成。纤芯材料为 $5\sim75\mu m$ 直径的以二氧化硅为主、掺杂微量元素的石英玻璃；包层用低折射率的玻璃或塑料制成，直径为 $100\sim200\mu m$。

光纤传光原理是利用光的全反射现象为基础。如图 3－13 所示，根据几何光学原理，当光线以较小的入射角 θ_1 由光密介质 1 射向光疏介质 2（即 $n_1 > n_2$）时，则一部分入射光将以折射角 θ_2 折射入介质 2，其余部分仍以 θ_1 反射回介质 1（图中 a 线）。

依据几何光学光折射和反射的斯涅尔（Snell）定律，有

$$n_1\sin\theta_1 = n_2\sin\theta_2$$

$$(3-28)$$

当 θ_1 角逐渐增大，直至 $\theta_1 = \theta_c$ 时，透射入介质 2 的折射光也逐渐折向界面，直至沿界面传播（＝90°），此时光线就会从两种介质的分界面上全部反射回光密介质中，而没有光线透射到光疏介质，这就是全反射现象。对应于

$\theta_2 = 90°$时的入射角 θ_1 称为临界角 θ_c，由式（3—28）则有

$$\sin\theta_c = \frac{n_2}{n_1}$$

$$(3-29)$$

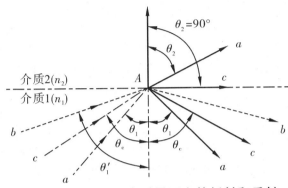

图 3—13　光在两介质界面上的折射和反射

当光线在纤芯断面的入射角小于临界角 θ_c 时，这一光线在界面上产生全发射，并沿光纤轴向传播。

当光线从纤芯入射，其入射角大于或等于临界角时，光线在纤芯内就会产生全反射。在界面上经过无数次全反射，在纤芯内向前传播，最后传播到光纤的另一端。

这种沿纤芯传输的光，可以分解为沿轴向与沿截面传输的两种平面波成分。沿截面传输的平面波在纤芯与包层的界面处全反射。所以，每当往复传输的相位变化是 2π 的整数倍时，就可以在截面内形成驻波。像这样的驻波光线组又称为"模"。光导纤维内只能存在特定数目的"模"的传输光波。如果用归一化频率 γ 表达这些传输模的总数 $\gamma^2/2 \sim \gamma^2/4$ 之间。归一化频率 γ 由下式给出：

$$\gamma = \frac{2\pi r NA}{\lambda}$$

$$(3-30)$$

式中：γ 为传输光波长；r 为纤芯半径；NA 为数值孔径（Numerical Aperture）。

能够传输较大 γ 值的光导纤维（即能够传输较多的模）称为多模光纤。此种光纤的纤芯直径（40～100 μm）比入射光波长大。若纤芯直径细到波长

左右（数微米），仅能传输 $\gamma < 2.41$ 的光纤，则称为单模光纤。

单模和多模光纤，两者都是当前光纤通信技术上最常用的，称为普通光纤。对用于检测技术的光纤，往往有些特殊要求，所以又称其为特殊光纤。

2. 光纤的主要参数

（1）数值孔径

光线在光纤中产生全反射的入射角称为光纤的孔径角。孔径角最大允许值的正弦与入射光线所在媒质的折射率乘积称为数值孔径（NA）。

$$NA = n_1 \sin\theta_{max}$$

$$(3-31)$$

式中：n_1 为纤芯折射率；θ_{max} 为最大孔径角（$\theta_{max} = \theta_c$）。

数值孔径是表示光纤集光能力的一个参量，它越大就表示光纤集收的光通量越多，产品光纤通常不给出折射率，而只给出 NA。石英光纤的 NA＝0.2～0.4。

（2）透过率

透过率是表示光纤传光性能优劣的一个重要参量。透过率为输出光通量和输入光通量之比。

对光纤来说，影响透过性能的主要因素有光纤芯料的吸收、界面的全反射损失、光纤端面的反射损失等。

3. 光纤的分类

光纤常按折射率变化类型、传播模式、材料和功能进行分类。其中，按折射率变化可分为阶跃折射率光纤和渐变折射率光纤；按传播模式可分为单模光纤和多模光纤；按材料可分为高纯度石英玻璃纤维、多组分玻璃光纤、塑料光纤；按功能可分为普通光纤和特殊光纤等。

一般检测技术中使用的是特殊光纤。

（二）光纤传感器

1. 光纤传感器的结构原理

光纤传感器是一种能把被测量的状态转变为可测的光信号的装置，一般由光发送器、敏感元件（光纤或非光纤的）、光接收器、信号处理系统以及光纤构成。

由光发送器发出的光经源光纤引导至敏感元件。在通过敏感元件后，光的某一性质受到被测量的调制，再将已调光经接收光纤耦合到光接收器，使光信号变为电信号，最后经信号处理得到所期待的被测量。

由于光是一种电磁波，它的物理作用和生物化学作用主要因其中的电场而引起，因此，讨论光的敏感测量必须考虑光的电矢量 E 的振动，即

$$E = A\sin(\omega t + \varphi)$$

（3—32）

式中，A 为电场 E 的振幅矢量；ω 为光波的振动频率；φ 为光相位；t 为光的传播时间。

由式（3—32）可见，只要使光的强度、偏振态（矢量 A 的方向）、频率和相位等参量之一随被测量状态的变化而变化，或受被测量调制，那么，通过对光的强度调制、偏振调制、频率调制或相位调制等进行解调，就可获得所需要的被测量的信息。

2. 光纤传感器的分类

（1）根据光纤在传感器中的作用分类

根据光纤在传感器中的作用，光纤传感器分为功能型、非功能型和拾光型三大类。

①功能型（全光纤型）光纤传感器。利用对外界信息具有敏感能力和检测能力的光纤（或特殊光纤）作传感元件，将"传"和"感"合为一体的传感器。光纤不仅起传光作用，而且还利用光纤在外界因素（弯曲、相变）的作用下，其光学特性（光强、相位、偏振态等）的变化来实现"传"和"感"的功能。因此，传感器中光纤是连续的。由于光纤连续，因而增加其长度可提高灵敏度。

②非功能型（或称传光型）光纤传感器。光纤仅起导光作用，只"传"不"感"，对外界信息的"感觉"功能依靠其他物理性质的功能元件完成。光纤不连续。此类光纤传感器无需特殊光纤及其他特殊技术，比较容易实现，成本低，但灵敏度也较低，用于对灵敏度要求不太高的场合。

③拾光型光纤传感器。用光纤作为探头，接收由被测对象辐射的光或被

其反射、散射的光。其典型例子如光纤激光多普勒速度计、辐射式光纤温度传感器等。

（2）根据光受被测对象的调制形式分类

根据光受被测对象的调制形式，光纤传感器分为强度调制型、偏振调制（型）、频率调制（型）、相位调制（型）等四大类。

①强度调制型光纤传感器。这是一种利用被测对象的变化引起敏感元件的折射率、吸收或反射等参数的变化，而引起光强度变化来实现敏感测量的传感器。通常有利用光纤的微弯损耗、各物质的吸收特性、振动膜或液晶的反射光强度的变化、物质因各种粒子射线或化学、机械的激励而发光的现象，以及物质的荧光辐射或光路的遮断等来构成压力、振动、温度、位移、气体等各种强度调制型光纤传感器。其优点是：结构简单、容易实现，成本低；缺点是：受光源强度波动和连接器损耗变化等影响较大。

②偏振调制（型）光纤传感器。这是一种利用光偏振态变化来传递被测对象信息的传感器。通常有利用光在磁场中媒质内传播的法拉第效应做成的电流、磁场传感器，利用光在电场中的压电晶体内传播的泡克尔斯效应做成的电场、电压传感器，利用物质的光弹效应构成的压力、振动或声传感器，以及利用光纤的双折射性制成温度、压力、振动等传感器。这类传感器可以避免光源强度变化的影响，因此灵敏度高。

③频率调制（型）光纤传感器。这是一种利用单色光射到被测物体上反射回来的光的频率发生变化来进行监测的传感器。通常有利用运动物体反射光和散射光的多普勒效应的光纤速度、流速、振动、压力、加速度传感器，利用物质受强光照射时的喇曼散射构成的测量气体浓度或监测大气污染的气体传感器，以及利用光致发光的温度传感器等。

④相位调制（型）光纤传感器。其基本原理是利用被测对象对敏感元件的作用，使敏感元件的折射率或传播常数发生变化，而引起光的相位变化，使两束单色光所产生的干涉条纹发生变化，通过检测干涉条纹的变化量来确定光的相位变化量，从而得到被测对象的信息。通常有利用光弹效应的声、

压力或振动传感器，利用磁致伸缩效应的电流、磁场传感器，利用电致伸缩的电场、电压传感器，以及利用光纤赛格纳克（Sagnac）效应的旋转角速度传感器（光纤陀螺）等。这类传感器的灵敏度很高，但由于须用特殊光纤及高精度检测系统，因此成本高。

（三）光纤温度传感器

光纤温度传感器主要是功能型，利用多种光学效应在光纤受到外界温度的影响时，会使在光纤中传输的某些光参数发生变化的机理，来测得温度值的。

对功能型光纤温度传感器可根据敏感部分所发的光是否有效来分类，有发光型和受光型两种。目前主要使用的是受光型，即光源发的光通过光纤送到敏感部分，接收到由于温度产生的状态变化，返回到受光部分。发光型主要有光致发光式与黑体辐射式；受光型有热膨胀式、光吸收式、干涉式和偏振光式。

1. **热膨胀式光纤温度传感器**

热膨胀式光纤温度传感器分为以下两种。一种是利用水银柱随温度升降而遮挡光路的光纤温度传感器。当水银柱未遮挡光路时，光纤中有信号通过；当水银柱遮挡光路时，光纤中传送的信号被阻断。该传感器可用于对设定温度的控制，温度设定值灵活可变。

另一种是利用双金属热变形的遮光式光纤温度传感器。当温度升高时，双金属片的变形量增大，带动遮光板在垂直方向产生位移，从而使输出光强发生变化。这种形式的光纤温度计能测量 10～50℃ 的温度。检测精度约为 0.5℃。它的缺点是输出光强受壳体振动的影响，且响应时间较长，一般需几分钟。

2. **光吸收式光纤温度传感器**

光吸收式光纤温度传感器是利用半导体材料对光辐射强度吸收后所剩下的能量与温度之间的关系来进行测量的。半导体材料的温度、吸收曲线的边沿会随着温度 T 的增加（$T_1 < T_2 < T_3$），而向波长大的方向移动。选择合适的半导体发光二极管 LED 作为光源，使其发射光谱的分布正好落在半导体材

料吸收波长范围内。这样发射光在经过半导体材料后，光的强度会随半导体吸收材料所处温度 T 的增加而减少。

基于上述原理，半导体吸收式光纤温度传感器采用双光纤参考基准通道法。光源采用 GaAlAs 材料的发光二极管 LED，半导体吸收材料为 CdTe 或 GaAs 作为测温敏感元件，探测器选用 Si—PIN 管。该传感器采用双光纤光路：一条光纤是测量光路，在它的光路通道中装有半导体吸收材料；另一条光纤是参比光路，它的光路上没有任何半导体吸收材料。两路光最后分别进入两个性能相同的对称式光强探测器，把光强度转化为电信号后分别进行放大，最后做除法运算，所得到的比值信号与温度有唯一的对应关系。

由于采用双光纤光路系统，光源的波动和外界的干扰得到了有效的抑制，提高了测量精度。这种光纤温度计的测量范围在 $-40\sim120℃$ 之间，精度为 $\pm1℃$。

3. 干涉式光纤温度传感器

干涉式光纤温度传感器的测温原理是：温度的变化会引起光纤相位的变化，即采用相位调制方法。通过检测相位变化即可测得温度值。光纤为温度敏感元件。

光纤中光波的相位由光纤波导的物理长度、折射率及其分布、波导横向几何尺寸所决定。一般来说，压力、温度等外界物理量能直接改变上述三个波导参数，产生相位变化即实现光纤的相位调制，这样就可进行外界物理量的测量。但是，目前各类光纤探测器都不能感知光波相位变化，因此必须采用光的干涉技术将相位变化转化为光强的变化，这样才能使用光强探测来实现对外界物理量的测量；或者直接采用光纤干涉仪，根据干涉条纹即可得到温度值。

传感器的信号臂和参考臂由单模光纤组成，参考臂置于恒温器中，一般认为，它在测温过程中光程始终保持不变，而信号臂在温度的作用下，长度与折射率会发生变化。信号臂的相位 φ 为

$$\varphi = \frac{2\pi}{\lambda} nL$$

$$(3-33)$$

式中：λ 为光源波长；n 为纤芯折射率；L 为光纤长度。

对上式进行微分，可求出单位长度上的相位变化。经计算，得到在 1 m 长的光纤上，温度每变化 1℃则有 17 根条纹移动，这样通过条纹计数就能获得温度值。由于干涉条纹的分辨率为 1 条，因此对于测量臂氏度为 L 的干涉仪，其温度分辨率为 L/17℃·m。

4. 偏振光式光纤温度传感器

偏振光式光纤温度传感器的测温原理是：双折射晶体入射的线性偏振光对于正交两个方向的偏振光的折射率不同，呈现出椭圆偏振光。该椭圆偏振光通过检偏振荡器可将椭圆率变换为光强度。由于双折射率差值随温度变化而变化，因此，可用双折射晶体作为敏感元件构成温度传感器。

第四章

压力传感器及其检测技术

第一节　力与压力的概述

一、压力的概念及单位

在工程上，所谓压力，是指一定介质垂直作用于单位面积上的力。压力测量有很多方法，有利用液体在重力作用下液位发生改变与被测压力平衡的液柱测压法，有根据弹性元件受力变形的测压法，也有将被测压力转换成各种电量的电测法等。

在压力测量中，常有大气压力、绝对压力、表压力、负压力或真空度之分。

大气压力是指地球表面上的空气质量所产生的压力，由所在地的海拔、纬度和气象条件决定，用 P_0 表示。绝对压力是指被测介质作用在单位面积上的全部压力，用 P_A 表示。用来测量绝对压力的仪表称为绝对压力表。用来测量大气压力的仪表叫气压表。绝对压力与大气压力之差称为表压力，用 P_1 表示，即

$$P_1 = P_A - P_0$$

(4-1)

由于工程上需测量的往往是物体超出大气压力之外所受的压力，因而所使用的压力仪表测量的值称为表压力。显然当绝对压力值 P_A 小于大气压力值 P_0 时，表压力为负值，所测值称为负压力或真空压，它的绝对值称为真空度。

压力在国际单位制中的单位是牛顿/平方米（N/m²），通常称为帕斯卡或

简称帕（Pa）。但帕的单位很小（约等于 0.1 毫米水银柱），工业上一般采用千帕（kPa）或兆帕（MPa）作为压力的单位。由于习惯原因，目前国内外还在使用着多种压力单位如毫米水银柱、毫米水柱等，其换算关系如下：

1 帕（Pa）＝1 牛顿/平方米（N/m^2）

1 巴（bar）＝1 达因/平方厘米（dyn/cm^2）＝105 Pa

1 工程大气压 el 千克力/平方厘米（kgf/cm^2）≈98 kPa

1 标准大气压＝760 毫米水银柱＝101 325 Pa

1 毫米水银柱＝133.322 Pa

1 毫米水柱＝9.806 65Pa

真空度测量中常以"托"（Torr）为单位，1 托（Torr）＝l 毫米水银柱。

二、力与压力的检测方法

（一）力的检测方法

力的本质是物体之间的相互作用，不能直接得到其值的大小。力施加于某一物体后，将使物体的运动状态或动量改变，使物体产生加速度，这是力的"动力效应"；还可以使物体产生应力，发生变形，这是力的"静力效应"。因此，可以利用这些变化来实现对力的检测。

力的测量方法可归纳为力平衡法、测位移法和利用某些物理效应的传感器法。

1.　力平衡法

力平衡式测量法是基于比较测量的原理，用一个已知的力来平衡待测的未知力，从而得出待测力的值。平衡力可以是已知质量的重力、电磁力或气动力等。

磁电式力平衡测力系统由光源、光电式零位检测器、放大器和一个力矩线圈组成一个伺服式测力系统。

在无外力作用时，系统处于初始平衡位置，光线全部被遮住，光敏元件无电流输出，力矩线圈不产生力矩。当被测力 F_i 作用在杠杆上时，杠杆发生偏转，光线通过窗口打开的相应缝隙，照射到光敏元件上，光敏元件输出与光照成比例的电信号，经放大后加到力矩线圈上与磁场相互作用而产生电磁力矩，用来平衡被测力 F_i 与标准质量 m 的重力力矩之差，使杠杆重新处于平衡。此时杠杆转角与被测力 F_i 成正比，而放大器输出电信号在采样电阻 R 上的电压降与被测力 F_i 成比例，从而可测出力 F_i。

2．测位移法

在力的作用下，弹性元件会产生变形。测位移法就是通过测量未知力所引起的位移，从而间接地测得未知力的值。

3．利用某些物理效应测力

物体在力的作用下会产生某些物理效应，如应变效应、压磁效应、压电效应等，可以利用这些效应间接检测力值。各种类型的测力传感器就是基于这些效应。

（二）压力的检测方法

根据不同工作原理，压力检测方法可分为如下几种：

1．重力平衡方法

这种方法利用一定高度的工作液体产生的重力或砝码的重量与被测压力相平衡的原理，将被测压力转换为液柱高度或平衡砝码的重量来测量。如液柱式压力计和活塞式压力计。

2．弹性力平衡方法

这种方法利用弹性元件受压力作用发生弹性变形而产生的弹性力与被测压力相平衡的原理，将压力转换成位移，通过测量弹性元件位移变形的大小测出被测压力。此压力检测方法可以测量压力、负压、绝对压力和压差，应用最为广泛。

3．机械力平衡方法

这种方法是将被测压力经变换元件转换成一个集中力，用外力与之平衡，通过测量平衡时的外力测知被测压力。力平衡式仪表可以达到较高精度，但是结构复杂。

4．物性测量方法

利用敏感元件在压力的作用下，其某些物理特性发生与压力成确定关系变化的原理，将被测压力直接转换为各种电量来测量。如应变式、压电式、电容式压力传感器等。

三、常用的压力检测仪表

压力测量仪表是用来测量气体或液体压力的工业仪表，又称压力表或压力计。压力测量仪表按工作原理分为液柱式、弹性式、负荷式和电测式等类型。常用压力测量仪表的原理、主要特点和应用场合如表4−1所示。

表4−1 常用的压力测量仪表

压力测量仪表		测量原理	主要特点	应用场合
液柱式压力计		液体静力学平衡原理	结构简单，使用方便。测量范围较窄，玻璃易碎	用于测量低压及真空度或作标准计量仪表
弹性压力计	弹簧管压力计	弹簧管在压力作用下自由端生产位移	结构简单，使用方便，价廉，可制成报警型	广泛用于高、中、低压测量
	波纹管压力计	波纹管在压力作用下伸缩变形	具有弹簧管压力计的特点，且可做成自动记录型	用于低压测量
	膜片压力计	原理同上，测量元件为膜片	具有弹簧管压力计的特点外，能测高黏度介质的压力	用于低压测量
	膜盒压力计	原理同上，测量元件为膜盒	具有弹簧管压力计的特点	用于低压或微压测量
电测式压力计		在弹性式压力计的基础上增加电气转换元件，将压力转换为电信号	信号可远传，便于集中控制	广泛用于自动控制系统中

液压式压力测量仪表常称为液柱式压力计，它是以一定高度的液柱所产生的压力，与被测压力相平衡的原理测量压力的。液柱式压力计大多是一根直的或弯成U形的玻璃管，其中充以工作液体。常用的工作液体为蒸馏水、水银和酒精。这类仪表的特点是灵敏度高，因此主要用作实验室中的低压基准仪表，以校验工作用压力测量仪表。由于工作液体的重度在环境温度、重力加速度改变时会发生变化，对测量的结果常需要进行温度和重力加速度等方面的修正。因玻璃管强度不高，并受读数限制，因此所测压力一般不超过0.3 MPa。

弹性式压力测量仪表是利用各种不同形状的弹性元件，在压力下产生变形的原理制成的压力测量仪表。弹性式压力测量仪表按采用的弹性元件不同，可分为弹簧管压力表、膜片压力表、膜盒压力表和波纹管压力表等；按功能不同，可分为指示式压力表、电接点压力表和远传压力表等。这类仪表的特点是结构简单、结实耐用、测量范围宽，是压力测量仪表中应用最多的一种。

负荷式压力测量仪表常称为负荷式压力计，它是直接按压力的定义制作的，常见的有活塞式压力计、浮球式压力计和钟罩式压力计。由于活塞和砝码均可精确加工和测量，因此这类压力计的误差很小，主要作为压力基准仪表使用，测量范围从数十帕至 2500 MPa。

电测式压力测量仪表是利用金属或半导体的物理特性，直接将压力转换为电压、电流信号或频率信号输出，或是通过电阻应变片等，将弹性体的形变转换为电压、电流信号输出。这类仪表的精确度可达 0.02 级，测量范围从数十帕至 700 MPa 不等。

四、压力传感器及其分类

压力传感器是前述电测式压力测量仪表的核心，一般由弹性敏感元件和位移敏感元件（或应变计）组成。其中，弹性敏感元件的作用是使被测压力作用于某个面积上并转换为位移或应变，然后由位移敏感元件或应变计转换为与压力成一定关系的电信号。因此，将压力转换为电信号输出的传感器叫压力传感器。

压力传感器的种类甚多，有不同的分类方法，若按传感器结构特点来分则有弹性压力传感器、应变式传感器、压电式传感器、电容式传感器和压阻式传感器等。其中，弹性压力传感器是利用弹性压力敏感器检测压力变化，经测量电路转换成电量的传感器，具有结构简单、精度高、线性好的特点，是目前工业应用最普遍的压力传感器；应变式传感器是以电阻应变片作为变换元件，利用应变片的压阻效应，将被测量转换成电阻输出的传感器，具有精度高的特点；压电式传感器是利用压电材料的压电效应，将被测量转换成电荷输出的传感器；电容式传感器是利用弹性电极在输入力作用下产生位移，使电容量变化而输出的一种传感器，它具有良好的动态特性；压阻式传感器是利用半导体材料的压阻效应，在半导体、基片上采用集成电路制造工艺制成的一种输出电阻变化的固体传感器。此外，还有电感式、差动变压器式、电动式、电位计式、振动式以及涡流式、表面声波式、陀螺式等。

第二节　弹性压力传感器与压力检测

一、弹性敏感器

弹性压力敏感器是能够将压力的变化转换为位移变化的弹性敏感元件，常见的有弹簧管、波纹管、膜片与膜盒。

（一）弹性敏感器

1. 弹簧管

弹簧管是一种简单耐用的压力敏感元件。它是用弹性材料制作的，将中空管弯成 C 形、螺旋形和盘簧形等形状。弹簧管常见的截面形状有椭圆形、扁形、圆形，其中扁管适用于低压，圆管适用于高压，盘成螺旋形弹簧管可用于要求弹簧管有较大位移的仪表。下面以 C 形弹簧管为例介绍弹簧管的测压原理。

C 形弹簧管是法国人波登发明的，又称波登管。C 形弹簧管的标准角度为 270°，它的自由端 B 可移动，开口端 A 固定。当压力 P 的流体由固定的开口端 A 通入弹簧管内腔，由于弹簧管的自由端 B 是密封的，且与传感器其他部分相连。在压力 P 的作用下，弹簧管的截面有从椭圆形变成圆形的趋势，即截面的短轴伸长、长轴缩短。截面形状的改变导致弹簧趋向伸直，直至与压力的作用相平衡为止。在一定压力范围内，弹簧管的自由端产生位移量 d 与压力 P 成正比，即

$$d = k \cdot P$$

$$(4-2)$$

式中，k 为比例常数。

弹簧管压力 $P \leqslant 0.4$ MPa 时，选用宽口 C 形管，压力 $P \leqslant 10$ MPa 时，选用窄口。C 形管的压力越低，弹簧管的宽度越宽。当压力 $P \geqslant 16$ MPa 时，选用螺旋管。弹簧管按材质可分为锡磷青铜、黄铜、不锈钢、铬钒钢等。锡磷青铜适用于对铜及铜合金无腐蚀性的介质。黄铜测量介质为乙炔，可检测易燃易爆物品。铬钒钢的测量压力 $P \geqslant 16$ MPa，适用于高温、有腐蚀性的介质。

2. 波纹管

波纹管是一种带同心环状波形皱纹的薄壁圆管,一端开口,将其固定;另一端封闭,处于自由状态。在通入一定压力的流体后,波纹管将伸长,在一定压力范围内伸长量即自由端位移 y 与压力 P 成正比,即:

$$y = k \cdot P$$

$$(4-3)$$

式中,k 为比例常数。

波纹管按构成材料可分为金属波纹管、非金属波纹管两种;按结构可分为单层和多层,多层波纹管强度高、耐久性好、应力小,用在重要的测量中。波纹管的材料一般为青铜、黄铜、不锈钢、蒙乃尔合金等。波纹管管壁较薄,灵敏度较高,测量范围为数十帕至数十兆帕,适于低压测量。

3. 膜片与膜盒

膜片是用金属或非金属制成的,周边固定而受力后中心可移动的圆形薄片。断面是平的,称为平膜片。断面呈波纹状,称为波纹膜片。两个膜片边缘对焊起来,构成膜盒。几个膜盒连接起来,组成膜盒组。

在压力、轴向力的作用下,膜片、膜盒均能产生位移。所以,在压力 P 的作用下,圆形平膜片的应变 ε 与压力 P 成正比,即

$$\varepsilon = k \cdot P$$

$$(4-4)$$

式中,k 为比例常数。

在压力 P 的作用下,各膜片、膜盒的中心位移也均与压力近似成正比。

膜片可用于测量不超过数兆帕的低压,也可用作隔离元件。膜盒用于测量微小压力,如需增大范围,可使用膜盒组。在相同的条件下,平膜片位移最小,波纹膜片次之,膜盒最大。平膜片比波纹膜片具有较高的抗振、抗冲击的能力,在压力测量中用得最多。

(二)机械式弹簧管压力表

1. 机械式弹簧管压力

机械式弹簧管压力表主要由测量元件、传动放大机构和显示机构三部分组成。当被测压力由接头通入,使弹簧管的自由端 B 向其右上方移动,同时通过拉杆带动扇形齿轮逆时针偏转,带动中心齿轮顺时针偏转,使与其同轴

的指针偏转，这样在仪表刻度板的标尺指示出压力值。

弹簧管压力表结构简单，使用方便，价格低廉，测压范围宽，应用十分广泛，一般弹簧管压力计的测压范围为$-10^5 \sim 10^9 Pa$，精确度最高可达±0.1%。如果将机械式弹簧管压力表的传动放大机构与电位器组合，就形成了电测弹簧管压力表，这种压力表配套相应电路就可实现测量数据的远传。这里以国产 YCD－150 型压力表为例来说明电测弹簧管用于测量压力的过程。YCD－150 型压力表由弹簧管和电位器组成，电位器被固定在壳体上，电刷与弹簧管的传动机构相连。当被测压力变化时，弹簧管的自由端产生位移，带动指针偏转，同时带动电刷在线绕电位器上滑动，输出与被测压力成正比的电压信号。

2. 弹簧管材料及压力表色标

弹簧管的材料是根据被测介质的化学性质和被测压力的高低来决定的。当压力 $P < 20$ MPa 时采用磷青铜材料，压力 $P > 20$ MPa 时采用不锈钢或合金钢材料。测量氨气压力时，必须采用能够耐腐蚀的不锈钢弹簧管；测量乙炔压力时，不允许使用铜质材料的弹簧管；测量氧气压力时，则严禁沾有油脂的工艺管道设备，否则将有爆炸危险。

压力表的外壳一般均涂有不同的色标，来表示该表所适用的介质类型。介质与色标的关系如表 4－2 所示。

表 4－2　特殊介质弹簧管压力表色标

被测介质	色标颜色	被测介质	色标颜色
氧气	天蓝色	乙炔	白色
氢气	深绿色	其他可燃气体	红色
氨气	黄色	其他惰性气体或液体	黑色
氯气	褐色		

（三）弹性压力传感器分类

弹性压力传感器是利用弹性压力敏感器检测压力的变化，再利用测量电路将压力的变化转换成电量变化的传感器。这种传感器的压力弹性敏感元件不论是弹簧管、波纹管、膜片还是膜盒，都是将外部压力转换为位移量来反映被测压力的。因此，将位移信号再进行电量的转换，构成压力－位移－电量的变换，就可以使被测压力信号转换为对应的电信号。显然，以电信号（电流或电压）来反映压力的大小，可以非常方便地实现信号的远传、显示和控制，也可以与其他的检测装置、控制装置一起，通过计算机或微处理器实现信号的综合、运算，完成各种控制处理。

将弹性元件在压力作用下产生的形变转换为电信号的方法有很多。实际上，在电工学和物理学中，这种形变可以通过电阻、电容、电感、霍尔电势、光电等方法进行测量，用这些不同的方法就可以构成不同的弹性压力传感器。

二、电容式传感器及压力检测

电容式传感器是将被测量的变化转换为电容量变化的一种装置，它本身就是一种可变电容器。由于这种传感器具有结构简单、体积小、动态响应好、灵敏度高、分辨率高、能实现非接触测量等特点，因而被广泛应用于位移、加速度、振动、压力、压差、液位、成分含量等检测领域。

（一）电容式传感器的工作原理

平板电容器由两个分开的绝缘介质平行金属板组成，如果不考虑边缘效应，其电容量为

$$C = \frac{\varepsilon A}{d} = \frac{\varepsilon_0 \varepsilon_r A}{d}$$

$$(4-5)$$

式中，A 为两平行极板所覆盖的面积；d 为两平行极板之间的距离；为电容极板间介质的介电常数；ε_0 为真空介电常数，$\varepsilon_0 = 8.85 \times 7^{-12} \mathrm{F/m}$；$\varepsilon_r$ 为电容极板间介质的相对介电常数。

当被测参数变化使得式（4－5）中的 A、d 或 ε 发生变化时，电容量 C 也随之变化。如果保持其中两个参数不变，而仅改变其中一个参数，就可把该参数的变化转换为电容量的变化，通过测量电路就可转换为电量输出。因此，电容传感器有三种基本类型，即变极距（d）型、变面积（A）型和变介电常数（ε）型。它们的电极形状有平板形、圆柱形和球面形三种。

（二）电容式传感器的类型

1．变极距型电容传感器

在式（4－5）中，参数 A、ε 不变而 d 是变化的电容式传感器就是变极距型电容传感器，它是由定极板和动极板组成。

假设电容极板间的距离由初始值 d_0 减小了 Δd，由式（4－5）可知，C 与 d 是反比例非线性关系，电容量将增加 ΔC，则有

$$\Delta C=C-C_0=\frac{\varepsilon_0\varepsilon_r A}{d_0-\Delta d}-\frac{\varepsilon_0\varepsilon_r A}{d_0}=C_0\frac{\Delta d}{d_0-\Delta d}$$

$$(4-6)$$

式中，C_0 为电容的初始值。

式（4－6）说明与不是线性关系。

当 $\Delta d\ll d_0$（即量程远小于极板间初始距离）时，可以认为 $C-d$ 是线性的。因此这种类型传感器一般用来测量微小变化的量，如 $0.01\ \mu m\sim1.9\ mm$ 的线位移等。静态灵敏度是指被测量变化缓慢的状态下，电容变化量与引起其变化的被测量之比 $K=\Delta C/\Delta d$。

变极距型电容传感器的静态灵敏度为

$$K=\frac{\Delta C}{\Delta d}\approx\frac{C_0}{d_0}=\frac{\varepsilon_0\varepsilon_r A}{d_0^2}$$

$$(4-7)$$

由式（4－7）可以看出，灵敏度 K 与初始极距 d_0 的平方成反比，这样就可以通过减小初始极距 d_0 来提高灵敏度。但 d_0 过小会引起电容器击穿或短路，一般在极板间采用介电常数较高的材料，如云母、塑料膜等。

2．变面积型电容传感器

在式（4－5）中，参数 d、ε 不变而 A 是变化的电容式传感器就是变面积型电容式传感器，它也是由定极板和动极板组成的。

以平板型电容式传感器为例来分析，设电容极板面积 $A=a\times b$（a 为极板长度，b 为极板宽度），当动极板在长度方向移动 Δx 后，两极板间的电容量将减小，则有

$$C=\frac{\varepsilon_0\varepsilon_t b\ (a-\Delta x)}{d}=C_0-\frac{\varepsilon_0\varepsilon_t b}{d}\Delta x$$

$$(4-8)$$

电容变化量为

$$\Delta C = C - C_0 = \frac{\varepsilon_0 \varepsilon_t b}{d}$$

(4—9)

电容式传感器的灵敏度为

$$K = \frac{\Delta C}{\Delta x} = -\frac{\varepsilon_0 \varepsilon_t b}{d}$$

(4—10)

由式（4—10）可见，变面积型电容式传感器的输出特性是线性的，适合测量较大的位移，其灵敏度 S 为常数，增大极板长度 a、减小间距 d 可使灵敏度提高，极板宽度的大小不影响灵敏度，但也不能太小，否则边缘效应影响增大，非线性将增大。

3. 变介电常数型电容式传感器

在式（4—5）中，参数 A、d 不变而 ε 是变化的电容式传感器就是变介电常数型电容式传感器，它由定极板和动介质组成。

以平板型电容式传感器为例来分析，厚度为 δ 的介质（介电常数 ε_2）在电容器中移动，电容器中的介电常数（总值）改变，使电容量改变，于是可用来对位移进行测量。$C = C_A + C_B$，在无介质插入时 $C_0 = \varepsilon_1 ba / d$。

当介质 ε_2 进入电容器中/长度时，有

$$C_A = \frac{bl}{\dfrac{d_0 - \delta}{\varepsilon_1} + \dfrac{\partial}{\varepsilon_1}}$$

$$C_B = b \ (a - l) \ \frac{1}{\dfrac{d_0 -}{\varepsilon_1}}$$

则电容量为

$$C = C_A + C_B = C_0 \ (1 + al)$$

(4—11)

式中，α 为常数，即

$$\alpha = \frac{1}{a} \left(\frac{d_0}{(d_0 - \delta) + \dfrac{\varepsilon_1}{\varepsilon_2}\delta} - 1 \right)$$

因此，由式（4—11）可知，电容量 C 与位移量 l 呈线性关系。当运动介质厚度 δ 保持不变，而介电常数 ε 改变时，电容量将产生相应的变化，因此可作为介电常数 ε 的测试仪；反之，如果 ε 保持不变，而 d 改变，则可作为

厚度测试仪。

4. 差动式电容传感器

在实际应用中，为了改善非线性、提高灵敏度和减少外界因素（如电源电压、环境温度等）的影响，电容传感器也和电感传感器一样常常做成差分形式。当可动极板向上移动时，上电容量增加，下电容量减小。

以变极距型差动式平板电容传感器为例。当动极板向上移动 Δd 时，电容器 C_1 的间隙由 d 变为 $d_1 = d - \Delta d$，电容器 C_2 的间隙由 d 变为 $d_2 = d + \Delta d$，则

$$C_1 = C_0 \frac{1}{1 - \dfrac{\Delta d}{d_0}}$$

$$C_2 = C_0 \frac{1}{1 + \dfrac{\Delta d}{d_0}}$$

由式（4-6）可知，电容的相对变化量为

$$\frac{\Delta C}{C_0} = \frac{\dfrac{\Delta d}{d_0}}{1 - \dfrac{\Delta d}{d_0}}$$

$$(4-12)$$

在 $\Delta d / d_0$ 时，上式按级数展开，可得

$$C_1 = C_0 \left[1 + \left(\frac{\Delta d}{d_0} \right) + \left(\frac{\Delta d}{d_0} \right)^2 + \left(\frac{\Delta d}{d_0} \right)^3 + \cdots \right]$$

$$C_2 = C_0 \left[1 - \left(\frac{\Delta d}{d_0} \right) + \left(\frac{\Delta d}{d_0} \right)^2 - \left(\frac{\Delta d}{d_0} \right)^3 - \cdots \right]$$

$$(4-13)$$

电容值总的变化量为

$$\Delta C = C_1 - C_2 = 2C_0 \left[\left(\frac{\Delta d}{d_0} \right) + \left(\frac{\Delta d}{d_0} \right)^3 + \left(\frac{\Delta d}{d_0} \right)_5 + \cdots \right]$$

$$(4-14)$$

电容的相对变化量为

$$\frac{\Delta C}{C_0} = 2 \frac{\Delta d}{d_0} \left[1 + \left(\frac{\Delta d}{d_0} \right)^2 + \left(\frac{\Delta d}{d_0} \right)^4 + \cdots \right]$$

$$(4-15)$$

略去高次项，则

$$\frac{\Delta C}{C_0} \approx 2\frac{\Delta d}{d_0}$$

$$(4-16)$$

由式（4—16）可见，电容传感器做成差动式之后，灵敏度提高了一倍。

（二）电容式传感器测量电路

电容式传感器把被测量（如位移、压力、振动等）转换成电容的变化量，由于电容变化量非常小，不能直接由显示仪表所显示或控制某些设备工作，因此还需将其进一步转换成电压、电流或频率。实现将电容量转换成电量的电路称为电容式传感器的测量电路。其种类很多，常用的有普通交流电桥电路、双 T 电桥电路、运算放大器式测量电路、脉冲调制电路和调频电路等。

1．普通交流电桥电路

由电容 C、C_0 和阻抗 Z、Z' 组成的交流电桥测量电路，其中 C 为电容传感器的电容，Z' 为等效配接阻抗，C_0 和 Z 分别为固定电容和阻抗。

电桥初始状态调至平衡，当传感器电容 C 变化时，电桥失去平衡而输出电压，此交流电压的幅值随 C 而变化。电桥的输出电压为

$$U_0 = \frac{\Delta Z}{Z}U\frac{1}{1+\frac{1}{2}\left(\frac{Z'}{Z}+\frac{Z}{Z'}\right)+\frac{Z+Z'}{Z_i}}$$

$$(4-17)$$

式中，Z 为电容臂阻抗；ΔZ 为传感器电容变化时对应的阻抗增量；Z_i 为电桥输出端放大器的输入阻抗。

这种交流电桥测量电路要求提供幅值和频率很稳定的交流电源，并要求电桥放大器的输入阻抗 Z_i 很高。为了改善电路的动态响应特性，一般要求交流电源的频率为被测信号最高频率的 $5\sim10$ 倍。

2．双 T 电桥电路

双 T 电桥电路中 C_1、C_2 为差动电容传感器的电容，对于单电容工作的情况，可以使其中一个为固定电容，另一个为传感器电容。R_L 为负载电阻，VD_1、VD_2 为理想二极管，R_1、R_2 为固定电阻。

电路的工作原理如下：当电源电压 u 为正半周时，VD_1 导通，VD_2 截止，于是 C_1 充电；当电源负半周时，VD_1 截止，VD_2 导通，这时电容 C_2 充电，而电容 C_1 充则放电。电容 C_1 的放电回路一路通过 R_1、R_L，另一路通过 R_1、

R_2、VD_2 这时流过 R_L 的电流为 i_1。

到了下一个正半周，VD_1 导通，VD_2 截止，C_1 又被充电，而 C_2 则要放电。放电回路一路通过 R_L、R_2，另一路通过 VD_1、R_1、R_2，这时流过 R_L 的电流为 i_2。

如果选择特性相同的二极管，且 $R_1 = R_2$，$C_1 = C_2$，则流过 R_L 的电流 i_1 和 i_2 的平均值大小相等，方向相反，在一个周期内流过负载电阻 R_L 的平均电流为零，R_L 上无电压输出。C_1 或 C_2 变化时，在负载电阻 R_L 上产生的平均电流将不为零，因而有信号输出。此时输出电压值为

$$\overline{U}_0 \approx \frac{R(R+2R_L)}{(R+R_L)^2} R_L U f (C_1 - C_2)$$

$$(4-18)$$

当 $R_1 = R_2 = R$，R_L 为已知时，则

$$\frac{R(R+2R_L)}{(R+R_L)^2} R_L = M$$

$$(4-19)$$

式中，M 为常数，所以式（4−18）又可写成

$$\overline{U}_0 = M U f (C_1 - C_2)$$

$$(4-20)$$

双 T 电桥电路具有以下特点：
①信号源、负载、传感器电容和平衡电容有一个公共的接地点；
②二极管 VD_1 和 VD_2 工作在伏安特性的线性段；
③输出电压较高；
④电路的灵敏度与电源频率有关，因此电源频率需要稳定；
⑤可以用作动态测量。

3. 运算放大器式测量电路

电容式传感器 C_x 跨接在高增益运算放大器的输入端与输出端之间。运算放大器的输入阻抗很高，因此可以认为它是一个理想运算放大器，其输出电压为

$$u_0 = -u_i \frac{C_0}{C_x}$$

$$(4-21)$$

将 $C_s = \varepsilon A / d$ 代入式（4−21），则有

$$u_0 = -u_i \frac{C_0}{\grave{o}A} d$$

$$(4-22)$$

式中，如 u_0 为运算放大器的输出电压；u_i 为信号源电压；C_x 为传感器电容；C_0 为固定电容器电容。

由式（4-22）可以看出，输出电压 u_0 与动极板机械位移 d 呈线性关系。

4. 脉冲调制电路

差动脉冲宽度调制电路根据差动电容式传感器电容 C_1 与 C_2 的大小控制直流电压的通断，所得方波与 C_1 与 C_2 有确定的函数关系。线路的输出端就是双稳态触发器的两个输出端。

当双稳态触发器 Q 端输出高电平时，则通过 R_1 对 C_1 充电。直到 M 点的电位等于参考电压 U_r 时，比较器 N_1 产生一个脉冲，使双稳态触发器翻转，Q 端（A）为低电平，$\overline{Q}$ 端（B）为高电平。这时二极管 VD_1 导通，C_1 放电至零，而同时 $\overline{Q}$ 端通过 R_2 向 C_2 充电。当 N 点电位等于参考电压 U_r 时，比较器 N_2 产生一个脉冲，使双稳态触发器又翻转一次。这时 Q 端为高电平，C_1 处于充电状态，同时二极管 VD_2 导通，电容 C_2 放电至零。以上过程周而复始，在双稳态触发器的两个输出端产生一宽度受 C_1、C_2 调制的脉冲方波。

当 $C_1 = C_2$ 时，两个电容充电时间常数相等，输出脉冲宽度相等，输出电压的平均值为零。当差动电容传感器处于工作状态，即 $C_1 \neq C_2$，两个电容的充电时间常数发生变化，T_1 正比于 C_1，而 T_2 正比于 C_2，这时输出电压的平均值不等于零。输出电压为

$$U_0 = \frac{T_1}{T_1 + T_2} U_1 - \frac{T_2}{T_1 + T_2} U_1 = \frac{T_1 - T_2}{T_1 + T_2} U_1$$

（4-23）

当电阻 $R_1 = R_2 = R$ 时，有

$$U_0 = \frac{C_1 - C_2}{C_1 + C_2} U_1$$

（4-24）

脉冲宽度调制电路具有以下特点：

①输出电压与被测位移（或面积变化）呈线性关系；

②不需要解调电路，只要经过低通滤波器就可以得到较大的直流输出电压；

③不需要载波；

④调宽频率的变化对输出没有影响。

5．调频电路

这种测量电路是把电容式传感器与一个电感元件配合构成一个振荡器的谐振电路。当电容传感器工作时，电容量发生变化，导致振荡频率产生相应的变化，再通过鉴频电路将频率的变化转换为振幅的变化，经放大器放大后即可显示，这种方法称为调频法。

调频振荡器的振荡频率由下式决定：

$$f = \frac{1}{2\pi\sqrt{LC}}$$

$$(4-25)$$

式中，L 为振荡回路电感；C 为振荡回路总电容。

振荡回路的总电容一般包括传感器电容 $C_0 \pm \Delta C$，谐振回路的固定电容 C_1 和传感器电缆分布电容 C_c。以变间隙式电容传感器为例，如果没有被测信号，则 $\Delta d = 0$，$\Delta C = 0$。这时 $C = C_1 + C_0 + C_c$，所以振荡器的频率为

$$f_0 = \frac{1}{2\pi\sqrt{L\ (C_1 + C_0 + C_c)}}$$

$$(4-26)$$

式中，f_0 应选在 1 MHz 以上。

当传感器工作时，$\Delta d \neq 0$，$\Delta C \neq 0$ 振荡频率也相应改变 Δf，则有

$$f_0 \pm \Delta f = \frac{1}{2\pi\sqrt{L\ (C_1 + C_0 + C_c \pm \Delta C)}}$$

$$(4-27)$$

振荡器输出的高频电压将是一个受被测信号调制的调制波，其频率由式（4-26）决定。

（四）电容式传感器在压力检测中的应用

1．电容式压力传感器的工作原理

电容式压力传感器测压的实质是利用电容两个极板之间的距离变化来实现压力-位移-电容量的转换。该传感器由一个固定电极和一个膜片电极构成。检测时，膜片在压力作用下发生变形，引起电容变化。

平板电容的固定极板和膜片电极的距离为 d_0，膜片电极的直径为 α，极板有效面积为 $\pi\alpha^2$。在忽略边缘效应时，电容的初始值 $C_0 = \frac{\varepsilon_0 \pi a_2}{d_0}$。由于膜片电极在压力作用下产生弯曲变形而不是平行移动，因此电容变化的计算十分

复杂。经推导，压力 P 引起膜片电容式压力传感器电容的相对变化值为

$$\frac{\Delta C}{C} = \frac{a^2}{8d_0\sigma} \cdot P$$

$$(4-28)$$

式中，σ 为膜片的拉伸张力。

式（4-28）仅适用于静态受力情况，忽略了膜片背面的空气阻尼等复杂因素的影响。

电容式压力传感器的优点是灵敏度高，所需的测量力（和能量）很小，可以测量微压，内部没有较明显的位移元件，寿命长，动态响应快，可以测量快变压力，有的频响高达 500 kHz。另外，根据测量要求的不同，可以制成不同的结构，也可以做到较小尺寸。这种传感器的主要缺点是传感器和连接线路的寄生电容影响大，非线性较严重。另外，仪表质量与工艺、结构有很大关系，一般测量精度可优于 $\pm 1\%$。

2. 电容式压力传感器

根据上述原理制成的电容式压力传感器由测量和转换两部分组成。测量部分包括电容膜盒、高低压测量室、法兰组件等，作用是将被测压力转换成电容量的变化；转换部分由测量电路组件和电气壳体组成，其作用是将电容量转换成直流 4～20 mA 电流或 1～5 V 电压的标准信号输出。

（1）通用型电容式差压传感器。

电容式压力（差压）传感器的检测部件是一差动电容膜盒，称为 δ 室。电容膜盒在结构形式和几何尺寸上有完全相同的两室，每室由玻璃和不锈钢杯体烧结后，磨制成环形凹面，然后镀一层金属薄膜构成电容器的固定极板，中心传感膜片焊接在两杯体之间，为电容器的活动极板，它和两侧凹形极板形成高压测量电容 C_1 和低压测量电容 C_2，在杯体外测焊接隔离膜片，并在膜片内侧的空腔中充满传压介质硅油，以便传递压力（差压）。

当被测压力 P_1、P_2 由两侧的内螺纹压力接头进入各自的空腔，该压力通过不锈钢波纹隔离膜传导到 δ 室。中心传感膜片由于受到来自两侧的压力差，而凸向压力小的一侧，C_1、C_2 电容值发生变化，测量电路通过相敏检波器将此电容量的变化转换成标准电信号输出。

（2）变面积式电容压力传感器

被测压力作用在金属膜片上，通过中心柱和支撑簧片，使可动电极随簧

片中心位移而动作。可动电极与固定电极均是金属同心多层圆筒，断面呈梳齿形，其电容量由两电极交错重叠部分的面积所决定。固定电极与外壳之间绝缘，可动电极则与外壳导通。压力引起的极间电容变化由中心柱引至适当的变换器电路，转换成反映被测压力的标准电信号输出。

三、电感式传感器及压力检测

电感式传感器的原理是建立在电磁感应的基础上，利用线圈自感或互感的改变来实现非电量的检测。它可以把输入的物理量，如位移、振动、压力、流量、比重、力矩、应变等参数，转换为线圈的自感系数 L、互感系数 M 的变化，再由测量电路转换为电流或电压的变化，因此，它能实现信息返距离传输、记录、显示和控制，在工业自动控制系统中被广泛采用。

电感式传感器的特点是：①无活动触点、可靠度高、寿命长；②分辨率高；③灵敏度高；④线性度高、重复性好；⑤测量范围宽（测量范围大时分辨率低）；⑥无输入时有零位输出电压，引起测量误差；⑦对激励电源的频率和幅值稳定性要求较高；⑧不适用于高频动态测量。

电感式传感器主要用于位移测量和可以转换成位移变化的机械量（如力、张力、压力、压差、加速度、振动、应变、流量、厚度、液位、比重、转矩等）的测量。常用的电感式传感器有变间隙型、变面积型和螺线管插铁型。在实际应用中，这三种传感器多制成差动式，以便提高线性度和减小电磁吸力所造成的附加误差。

（一）电感式传感器的工作原理

电感式传感器是利用被测量的变化引起线圈自感或互感系数的变化，从而使线圈电感改变这一物理现象来实现测量的。电感式传感器可以分为自感式和互感式两大类。

1. 自感式电感传感器

（1）工作原理

自感式电感传感器由线圈、铁芯和衔铁三部分组成。

铁芯与衔铁之间有一个气隙，气隙厚度为衔铁与铁芯的重叠面积为 S。

被测物理量运动部分与衔铁相连，当运动部分产生位移时，气隙 δ 或重叠面积 S 被改变，从而使电感值发生变化。线圈的电感值可按下式计算：

$$L = \frac{w^2}{\Sigma R_m}$$

$$(4-29)$$

式中，w 为线圈匝数；ΣR_m 为以平均长度表示的磁路的总磁阻。

如果气隙厚度 δ 较小，而且不考虑磁路的铁损，则总磁阻为

$$\Sigma R_m = \Sigma \frac{l_i}{\mu_i S_i} + \frac{2\delta}{\mu_0 S} \quad (4-30)$$

式中，l_i 为各段导磁体的磁路平均长度（cm）；μ_i 为各段导磁体的磁导率（H/cm）；S_i 为各段导磁体的横截面积（cm^2）；δ 为空气隙的厚度（cm）；μ_0 为空气隙的导磁系数（$\mu_0 = 4\pi \times 7^{-9}$ H/cm）；S 为空气隙的截面积。

因为一般导磁体的磁阻要比气隙的磁阻小得多，所以计算时可忽略铁芯和衔铁的磁阻，则式（4-29）写为

$$L = \frac{w^2 \mu_0 S}{2\delta}$$

$$(4-31)$$

由式（4-31）可以看出，如果线圈匝数 w 是一定的，电感 L 将受气隙厚度 δ、气隙截面积 S 和气隙导磁系数 μ_0 的控制。固定这三个参数中的任意两个参数，而另一个参数跟随被测物理量变化，就可以得到变间隙型、变面积型和变导磁系数三种结构类型的自感传感器。

变间隙型灵敏度高，对测量电路的放大倍数要求低，输出特性非线性严重，常用于位移非常微小时的检测；变面积型灵敏度较前者小，但线性较好，量程较大，使用比较广泛。常用于检测位移或角位移；变导磁系数型常见的是螺线管形式，螺管型灵敏度较低，但量程大且结构简单易于制作和批量生产，是使用最广泛的一种电感式传感器，常用于测量压力、拉力、变矩、扭力、扭矩、重量等。

在实际应用中，常采用两个相同的传感器线圈共用一个衔铁，构成差动自感传感器，这样可以提高传感器的灵敏度，减小温度变化、电源频率变化等因素对传感器的影响，从而减少测量误差。

（2）自感式电感传感器的测量电路

交流电桥是电感式传感器的主要测量电路，它的作用是将线圈电感的变

化转换成电桥电路的电压或电流输出。

前述差动式结构可以提高灵敏度，改善线性，所以交流电桥也多采用双臂工作形式。通常将传感器作为电桥的两个工作臂，电桥的另外两个工作臂可以是纯电阻，也可以是变压器的二次侧绕组或紧耦合电感线圈。交流电桥有以下几种常用形式。

①电阻平衡电桥，Z_1、Z_2 为差动工作臂，R_1、R_2 为纯电阻平衡臂，R'_1、R'_2 为电感线圈内阻，$R_1 = R_2 = R$；$R'_1 = R'_2 = R$；$Z_1 = Z_2 = Z = R' + j\omega L$。差动工作时，若 $Z_1 = Z - \Delta Z$，则 $Z_2 = Z + \Delta Z$，当 $Z_L \rightarrow \infty$ 时，有

$$\dot{U}_0 = \frac{\dot{U}}{2}\frac{\Delta Z}{Z} = \frac{\dot{U}}{2}\frac{\Delta R' + + j\omega \Delta L}{R' + j\omega L}$$

$$(4-32)$$

其输出电压幅值为

$$U_0 = \frac{\sqrt{\omega^2 \Delta L^2 + \Delta R'^2}}{2\sqrt{R^2 + (\omega L)^2}}U \approx \frac{\omega \Delta L}{2\sqrt{R^2 + (\omega L)^2}}U$$

$$(4-33)$$

输出阻抗为

$$Z_0 = \frac{\sqrt{(R + R')^2 + (\omega L)^2}}{2}$$

$$(4-34)$$

式（4-32）经变换和整理后得

$$U_0 = \frac{U}{2}\frac{1}{1+1/Q^2}\left[\frac{1}{Q^2}\frac{\Delta R'}{R'} + \frac{\Delta L}{L} + j\frac{1}{Q}\left(\frac{\Delta L}{L} - \frac{\Delta R'}{R'}\right)\right]$$

$$(4-35)$$

式中，$Q = \omega L / R'$ 为电感线圈的品质因数。

从式（4-35）可以看出，当 Q 值很高时，$\dot{U}_0 = \frac{\dot{U}}{2}\frac{\Delta L}{L}$，当 Q 值很低时，

相当于电阻电桥，$\dot{U}_0 = \frac{U}{2}\frac{\Delta R'}{R'}$。

②变压器电桥，它的平衡臂为变压器的两个二次绕组。传感器差动工作时，若衔铁向一边移动，$Z_1 = Z - \Delta Z$，则 $Z_2 = Z + \Delta Z$，当负载阻抗为无穷大

时，$\dot{U}_0 = \frac{\dot{U}}{2}\frac{\Delta Z}{Z}$；若衔铁向另一边移动，$Z_1 = Z + \Delta Z$，则 $Z_2 = Z - \Delta Z$，则 $\dot{U}_0$

$= \frac{\dot{U}}{2}\frac{\Delta Z}{Z}$。这样，当衔铁向两个方向的位移相同时，电桥输出电压 $\dot{U}_0$ 大小相

等、相位相反。

③紧耦合电感臂电桥，它由差动工作的两个传感器阻抗乙、乙和两个固定的紧耦合电感线圈 L 组成，既可用于电感式传感器，也适用于电容式传感器。其电路读者可自行分析。

2. 互感式传感器（差动变压器）

将被测量的变化转换为互感系数（M）变化的传感器称为互感传感器。由于互感传感器的本质是一个变压器，又常常做成差动形式，所以又把互感传感器称为差动变压器。

（1）结构类型

差动变压器的结构大致可分为三类：衔铁平板式、螺管式和转角式。这三类差动变压器中，应用最多的是螺线管式差动变压器，它可以测量 $1\sim100$ mm 范围内的机械位移，并具有测量精度高、灵敏度高、结构简单、性能可靠等优点。下面以螺线管式差动变压器为例来说明差动变压器式传感器的工作原理。

（2）工作原理

螺线管式差动变压器由一个初级线圈、两个次级线圈和插入线圈中央的圆柱形铁芯等组成。

当初级线圈加以适当频率的电压激励时，在两个次级线圈中就产生感应电动势。若铁芯处于中间位置时，由于两个次级线圈完全相同，因而感应电势 $U_{21}=U_{22}$，则输出电压为

$$U_2 = U_{21} - U_{22} = 0$$

当铁芯向右移动时，右边次级线圈内的磁通要比左边次级线圈的磁通大，所以互感也大些，感应电势 U_{22} 也增大，而左边次级线圈中磁通减小，感应电势 U_{21} 也减小，则输出电压为

$$U_2 = U_{21} - U_{22} < 0$$

若铁芯向左移动，与上述情况恰好相反，则输出电压为

$$U_2 = U_{21} - U_{22} > 0$$

由上述讨论可见，输出电压的正负反映了铁芯的运动方向，输出电压的大小反映了铁芯的位移大小。

差动变压器输出电压特性曲线的实际曲线与理想特性并不重合，在实际情况下，当衔铁位于中心位置时，差动变压器的输出电压并不等于零，我们称之为零点残余电压。

零点残余电压主要是由传感器的两次级绕组的电气参数与几何尺寸不对称、磁性材料的非线性等问题引起的。传感器的两次级绕组的电气参数和几何尺寸不对称，导致它们产生的感应电势的幅值不等、相位不同，因此不论怎样调整衔铁位置，两线圈中感应电势都不能完全抵消。零点残余电压一般在几十毫伏以下，在实际使用时应尽量减小。

（3）差动变压器式传感器测量电路

差动变压器随衔铁的位移而输出的是交流电压，若用交流电压表测量，则只能反映衔铁位移的大小，而不能反映移动方向。为了达到能辨别移动方向及消除零点残余电压的目的，实际测量时，常常采用相敏检波电路。

VD_1、VD_2、VD_3、VD_4 为四个性能相同的二极管，以同一方向串联成一个闭合回路，形成环形电桥。输入信号 u_2（差动变压器式传感器输出的调幅波电压）通过变压器 T_1 加到环形电桥的一条对角线。参考信号 u_s（在电路中起信号解调作用）通过变压器 T_2 加入环形电桥的另一个对角线。输出信号 u_0 从变压器 T_1 与 T_2 的中心抽头引出。

平衡电阻 R 起限流作用，避免二极管导通时变压器 T_2 的次级电流过大。R_L 为负载电阻。要使相敏检波电路可靠工作，必须满足下列条件：① u_s 的幅值要远大于输入信号 u_2 的幅值，以便有效控制四个二极管的导通状态；② u_s 和差动变压器式传感器激磁电压 u_2 由同一振荡器供电，保证二者同频、同相（或反相）。

相敏检波电路的工作原理：当位移 $\Delta x = 0$ 时，差动变压器无电压输出，只有 u_2 起作用。此时，若 u_2 在正半周 u_{s1} 和 u_{s2} 使环形电桥中二极管 VD_1、VD_4 截止，VD_2、VD_3 导通，其等效电路中 $u_{22}=0$，则输出信号 $u_0=0$；同理，若 u_s 在负半周 u_{s1} 和 u_{s2} 使二极管 VD_2、VD_3 截止，VD_1、VD_4 导通，其等效电路中 $u_{22}=0$，则输出信号 u_0 仍为 0。

当位移 $\Delta x > 0$ 时，u_s、u_2 同频同相，在 u_s 与 u_2 均为正半周时，u_{s1} 和 u_{s2} 同样使二极管 VD_1，VD_4 截止，VD_2、VD_3 导通，其等效电路中的 $u_{22} \neq$

0，则 $u_0 > 0$。同理，当位移 $\Delta x < 0$ 时，u_s 与 u_2 同频反相，在 u_2 与 u_s 均为负半周时，二极管 VD_2、VD_3 截止，VD_1、VD_4 导通，其等效电路中 $u_{21} \neq 0$，则 $u_0 < 0$。

所以上述相敏检波电路输出电压 $u_0 < 0$ 的变化规律充分反映了被测位移量的变化规律，即 $u_0 < 0$ 的值反映了位移 Δx 的大小，而 u_0 的极性则反映了位移的方向。

（4）差动变压器专用测量芯片及电路

AD598 是一款性能价格比较高的差动变压器测量专用芯片，基本技术数据如下：①正弦波振荡频率范围为 20 Hz～20 kHz；②双电源工作电压典型值 $U_R = \pm 15$ V；③单电源工作电压典型值 $U_R = 30$ V；④工作温度范围，AD598JR 为 0～+70℃，AD598AD 为 -40～+85℃；⑤正弦波振荡器输出电流的典型值为 12 mA；⑥输入电阻的典型值为 200 kΩ；⑦线性误差最大值为 ± 500 ppmx F. S；⑧增益温漂的最大值为 500 ppm/℃。

线性差动变压器专用集成电路芯片 AD598 集成了正弦波交流激励信号的产生、信号解调、放大和温度补偿等几部分电路，仅外接几个元件就可以构成一个线性差动变压器应用电路。通过改变外接振荡频率电容的大小，就可改变正弦波交流激励信号的频率，以适应各种类型的线性差动变压器对频率的要求，使用起来非常方便。

AD598 的 2、3 引脚产生一个正弦波激励信号供给 LVDT（Linear Variable Differential Transformer，线性可变差动变压器）的一次绕组，10，11；17 引脚引入与 LVDT 内芯位置成比例的正弦电压信号，经芯片内解调、滤波和放大单元处理后，从 16 引脚输出反映 LVDT 内芯位置的直流电压信号。

供电电源为 ± 15 V 直流电源；振荡电容 C_1 决定了正弦波激励信号的频率，由式 $C_1 = 35 \mu F/f$ 确定，一般为 $0.01 \mu F$，$C_2 = C_3 = C_4 = 0.4\ \mu F$，$R_2 = 73$ kΩ。取以上这些参数时，正弦波激励电压频率为 3500 Hz，被测位移的最大移动频率为 ± 10 V，输出电压的范围为 ± 10 V。

选择差动变压器时，应注意 AD598 的负载能力。当差动变压器的直流电阻 R_L 和等效电感 L 确定之后，可根据下式来确定正弦波激励信号频率 ω：

$$\frac{0.02 U_R}{\sqrt{(R_L)^2 + (\omega L)^2}}$$

$$(4-36)$$

式中：U_R 为双电源的电压值。若单电源供电，U_R 则为双电源的电压值的二分之一。

正弦波激励信号频率 ω 确定后，再根据下式选择振荡电容 C_1（μF）：

$$f = \frac{35\mu\text{F}}{C_1}$$

$$(4-37)$$

式中：$f = 2\pi/\omega$。

线性差动变压器是一种应用非常广泛的传感器，普遍用来测量距离、位移等物理量。采用线性差动变压器专用集成电路 AD598 芯片组成了位移传感器，大大减小了电路的体积，简化了电路的设计和调试。

（二）电感式传感器在力与压力检测中的应用

1. 差动变压器式力传感器

差动变压器与弹簧组合构成的测力装置，在测力时，装置受力部分将弹簧压缩，同时带动铁芯在线圈中移动，两者的相对位移量即反映了被测力的大小；差动变压器与筒形弹性元件组成的测力装置，装置的上部固定铁芯，装置的下部固定线圈座和线圈，当弹性薄壁圆筒上部受力时，圆筒发生变形带动铁芯在线圈中移动实现测力。这两种测力装置是利用弹性元件受力产生位移，带动差动变压器的铁芯运动，使两线圈互感发生变化，最后使差动变压器的输出电压产生和弹性元件受力大小成比例的变化。

2. 电感式弹性压力传感器

由 C 形弹簧管、衔铁、铁芯和线圈等组成。当被测压力进入 C 形弹簧管时，C 形弹簧管发生变形，其自由端产生位移。自由端移动时，会带动与自由端连接成一体的衔铁运动，使线圈之间的电感发生大小相等、符号相反的变化，即一个电感量增大，另一个电感量减小。电感的这种变化通过电桥电路转换成电压输出。由于输出电压与被测压力之间成比例关系，所以只要用检测仪表测量出输出电压，即可得知被测压力的大小。

在被测压力为零时，使铁芯位于线圈的中央，压力增大后输出交流电压随之升高。差动变压器在规定的铁芯位移范围内有较好的线性，但当铁芯处于中央位置时，输出并不为零，有一定的残余电压，必要时可采用专用线路进行补偿。

电感传感器必须用交流电源。为了减小铁芯线圈的尺寸，提高传感器的灵敏度，并且避免工业频率的干扰，最好采用稍高的频率，例如 400 Hz。此外要注意铁芯的材质选择，避免涡流损耗。使用时还必须有良好的磁屏蔽，既要防止外界的干扰，又要防止对外的干扰。

铁芯线圈的气隙变化和感抗之间有非线性关系。尤其值得注意的是，电流通过线圈时产生的磁效应会对衔铁有吸引力，这就形成了作用于弹性元件的外力，此力与气隙大小有关，必须在校验或标定中消除，否则误差会很大。

3. 差动变压器式微压变送器

将差动变压器和弹性敏感元件（膜片、膜盒和 C 形弹簧管等）相结合，可以组成各种形式的压力传感器。

在被测压力为 0 时，波纹膜盒在初始位置状态，此时固接在膜盒中心的衔铁位于差动变压器线圈的中间位置，因而输出电压为 0。当被测压力由输入接口传入膜盒时，膜盒在被测介质的压力下，其自由端产生正比于被测压力的位移，并带动衔铁在是动变压器线圈中移动，从而使差动变压器输出电压。

第三节　应变片式传感器及力与压力检测

一、电阻应变片式传感器

（一）电阻应变片工作原理

1. 金属材料的应变效应

电阻丝在外力作用下发生机械变形时，其电阻值发生变化，叫做应变效应。电阻丝材料有康铜、铜镍合金的，适用于 300℃ 以下静态测量用；还有镍铬合金、镍铬铝合金的，适用于 450℃ 以下的静态测量或 800℃ 以下的动态测量用。电阻值一般为 120Ω，也有 200 Ω 或 300Ω 的。

设有一根电阻丝，电阻丝的电阻率为 ρ，长度为 l，截面积为 S，在未受力时电阻值为

$$R = \rho \frac{l}{S}$$

(4-38)

电阻丝在沿轴线方向的拉力 F 作用下，长度增加，截面积减小，电阻率也相应变化，引起的电阻值发生变化，变化量为 ΔR，其值为

$$\frac{\Delta R}{R}=\frac{\Delta l}{l}-\frac{\Delta S}{S}+\frac{\Delta \rho}{\rho}$$

$$(4-39)$$

对于半径为 r 的电阻丝，截面 $S=\pi r^2$，则有 $\Delta S/S=2\Delta r/r$。令电阻丝的轴向应变为 $\varepsilon=\Delta l/l$，径向应变为 $\Delta r/r$，由材料力学可知

$$\frac{\Delta r}{r}=-\mu\left(\frac{\Delta l}{l}\right)=-\mu\varepsilon$$

$$(4-40)$$

式中：μ 为电阻丝材料的泊松系数。

经整理可得

$$\frac{\Delta R}{R}=(1+2\mu)\varepsilon+\frac{\Delta \rho}{\rho}$$

$$(4-41)$$

通常把单位应变所引起的电阻相对变化称为电阻丝的灵敏度系数，其表达式为

$$K=\frac{\Delta R/R}{\varepsilon}=1+2\mu+\frac{\Delta \rho/\rho}{\varepsilon}$$

$$(4-42)$$

从式（4-42）可以看出，电阻丝灵敏度系数 K 由两部分组成：$1+2\mu$ 表示受力后由材料的几何尺寸变化引起的；$\dfrac{\Delta \rho/\rho}{\varepsilon}$ 表示由材料电阻率变化引起的。

对于金属材料，$\dfrac{\Delta \rho/\rho}{\varepsilon}$ 比 $1+2\mu$ 小很多，故 $K=1+2\mu$。

大量实验证明，在电阻丝拉伸比例极限内，电阻的变化与应变成正比，即 K 为常数。通常金属丝 $K=1.7\sim3.6$。式（4-41）可写成

$$\frac{\Delta R}{R}=K\varepsilon$$

$$(4-43)$$

由式（4-43）可知，金属丝的电阻相对变化量 $\Delta R/R$ 与材料力学中的轴向应变 ε 的关系在金属丝拉伸比例极限内是线性的。

2. 工作原理

电阻丝应变片在工作时，将应变片用黏合剂粘贴在弹性体上，弹性体受外力作用变形所产生的应变就会传递到应变片上，从而使应变片电阻值发生变化，通过测量阻值的变化，就能得知外界被测量的大小。

（二）电阻应变片的结构

电阻应变片一般由敏感栅（金属丝或箔）、基底、覆盖层、黏合剂、引出线组成。敏感栅是转换元件，它把感受到的应变转换为电阻变化；基底用来将弹性体表面应变准确地传送到敏感栅上，并起到敏感栅与弹性体之间的绝缘作用；覆盖层起着保护敏感栅的作用；黏合剂用于将敏感栅与基底粘贴在一起；引出线用于连接测量导线。

1. 金属丝式应变片

它由直径为 0.02～0.05 mm 的锰白铜铜丝或镍铬丝绕成栅状，夹在两层绝缘薄片（基底）中制成，用镀锡铜线与应变片丝栅连接作为应变片的引出线。

2. 金属箔式应变片

金属箔通过光刻、腐蚀等工艺制成箔栅。箔的材料多为电阻率高、热稳定性好的铜镍合金（锰白铜）。厚度一般在几微米，尺寸、形状根据需要制作。金属箔式应变片与基底接触面较大，散热较好，可通过较大电流，适合大批量生产，应用较广。

（三）电阻应变片的测量电路

由于电阻应变式传感器是把应变片粘贴在弹性元件上，而弹性元件变形有限，这样应变片电阻变化范围较小，要实现将转换为电压输出，一般常采用桥式测量电路。

如 R_1 为应变片，$R_2 \sim R_4$ 为固定电阻，且 $\Delta R_2 = \Delta R_3 = \Delta R_4 = 0$，称为单臂电桥。$R_1$、$R_2$ 为应变片，R_3、R_4 为固定电阻，且 $\Delta R_3 = \Delta R_4 = 0$，称为双臂电桥。$R_1 \sim R_4$ 均为应变片，称为差动全桥。根据电路理论，上述三种电桥中，差动全桥灵敏度最高，单臂电桥灵敏度最低，双臂电桥居中。

由于应变片传感器是靠电阻值来度量应变和压力的，所以必须考虑金属丝的温度效应。虽然用做金属丝材料（如铜、康铜）的温度系数很小［大约在 $\alpha = (2.5 \sim 5.0) \times 7^{-5}/℃$］，但与所测量的应变电阻的变化比较，仍属同一数量级，如不补偿，会引起很大误差。对单臂电桥可采用补偿片法，或直接采用双臂电桥、差动全桥。

单臂电桥中 R_1 为测量片，贴在传感器弹性元件表面上，R_2 为补偿片，它贴在不受应变作用的元件上，并放在弹性元件附近（相同的温度场内），R_3、R_4 为配接精密电阻，通常取 $R_1=R_2$、$R_3=R_4$，在无应变时，电路呈平衡状态，即 $R_1 \cdot R_3 = R_2 \cdot R_4$，输出电压为零。由于温度变化，电阻变为 $R_1 + \Delta R_1$ 时，电阻 R_2 变为 $R_2 + \Delta R_2$，由于 R_1 与 R_2 温度效应相同，即 $\Delta R_1 = \Delta R_2$，所以温度变化后电路仍平衡，$(R_1 + \Delta R_1) \cdot R_3 = (R_2 + \Delta R_2) \cdot R_4$，此时输出电压为零。

当 R_1 有应变时，将打破桥路平衡，产生输出电压，其温度效应也得到补偿，故输出只反映纯应变值（即压力值）。

在实际测量中，若采用多个应变片，则一般把四个测量应变片，两片贴在正应变区，并将其接在电桥两个相对的臂上；另两个贴在负应变区，接在另两个相对臂上，以使一个应变片的电阻温度效应被另一个相邻应变片所抵消。这样的电路不但补偿了温度效应，而且可以得到较大的输出信号，这种补偿电路称为差动全桥。

(四) 应变片的选择、粘贴技术

1. 应变片的选择方式
①目测应变片有无折痕、断丝等缺陷，有缺陷的应变片不能粘贴。
②用数字万用表测量应变片电阻值大小。同一电桥中各应变片之间的阻值相差不得大于 0.5 Ω。

2. 应变片的贴片方式
常见的应变片的贴片方式有柱形、筒形、梁形弹性元件等。

3. 应变片的粘贴技术
①试件表面处理：贴片处用细纱纸打磨干净，打磨面积约为应变片的 3～5 倍，再用酒精棉球反复擦洗贴处，直到棉球无黑迹为止。
②应变片粘贴：在应变片基底上挤一小滴 502 胶水，轻轻涂抹均匀，立即放在应变贴片位置；贴片后，在应变片上盖一张聚乙烯塑料薄膜并加压，将多余的胶水和气泡排出。
③焊线：用电烙铁将应变片的引线焊接到导引线上，引出导线要用柔软、不易老化的胶合物适当地加以固定，以防止导线摆动时折断应变片的引线。
④用兆欧表检查应变片与试件之间的绝缘阻值，应大于 500MΩ。

⑤应变片保护：用 704 硅橡胶覆于应变片上，防止受潮、侵蚀。

（五）电阻应变片式传感器

电阻应变片式传感器是将应变电阻片（金属丝式或箔式）粘贴在弹性元件表面上，测量应力、应变。当被测弹性元件变化时，弹性元件由于内部应力变化产生变形，使应变片的电阻产生变化，根据电阻变化的大小来测量未知应力或应变。电阻应变片式传感器由应变电阻片和测量线路两部分组成，测量线路将变化的电阻转换为电信号，实现测量。

二、压阻式传感器

压阻式传感器是利用半导体材料的压阻效应和集成电路技术制成的传感器。它具有灵敏度高、动态响应快、测量精度高、稳定性好、工作温度范围宽、易于小型化、能够进行批量生产和使用方便等一系列特点。压阻式传感器能将电阻条、补偿线路、信号转换电路集成在一块硅片上，甚至将计算处理电路与传感器集成在一起，制成智能性传感器，从而克服了半导体应变片所存在的问题。压阻式传感器现已生产出多种压力传感器、加速度传感器，并广泛应用于石油、化工、矿山冶金、航空航天、机械制造、水文地质、船舶、医疗等科研及工程领域。

（一）压阻效应

金属电阻应变片虽然有不少优点，但灵敏系数低是它的最大弱点。半导体应变片的灵敏度比金属电阻高约 50 倍，它利用半导体材料的电阻率在外加应力作用下而发生改变的压阻效应，可以直接测取很微小的应变。

当外部应力作用于半导体时，由于压阻效应引起的电阻变化大小不仅取决于半导体的类型和载流子浓度，还取决于外部应力作用于半导体晶体的方向。如果我们沿所需的晶轴方向（压阻效应最大的方向）将半导体切成小条制成应变片材料，让这一半导体小条（即半导体应变片）只沿其纵向受力，则作用应力 σ 与半导体电阻串的相对变化关系为

$$\frac{\Delta\rho}{\rho}=\pi_1\sigma$$

$$(4-44)$$

式中：π_1 为纵向压阻系数；σ 为作用应力。

由于 $\sigma = E\varepsilon$，则式（4—44）又可表示为

$$\frac{\Delta\rho}{\rho} = \pi_1 E_\varepsilon$$

（4—45）

式中：E 为半导体材料的弹性系数；ε 为纵向应变（$\Delta l / l$）。

将式（4—45）代入式（4—41）中，得半导体应变片的电阻变化率：

$$\frac{\Delta R}{R} = (1+2\mu)\frac{\Delta l}{l} + \pi_1 E\frac{\Delta l}{l}$$

即

$$\frac{\Delta R}{R} = (1+2\mu+\pi_1 E)\varepsilon$$

（4—46）

式中（4—46）右边括号第一、二项是材料几何尺寸变化对电阻的影响，与一般电阻丝应变系数相同，其值约为 $1 \sim 2$。第三项 $\pi_1 E$ 是压阻效应的影响，同电阻丝应变片相反，它的数值远大于前两项之和，一般是它们的 $50 \sim 70$ 倍，所以前两项可忽略，即

$$\frac{\Delta R}{R} = \pi_1 E\varepsilon$$

（4—47）

式中：$K = \pi_1 E$，称为半导体应变片的灵敏系数。

半导体应变片的电阻很大，可达 $5 \sim 50$ kΩ，此外它的频率响应高，时间响应快，响应时间可达 7^{-11} s 数量级，所以常常用半导体应变片制作高频率传感器，用于生产半导体应变片的材料有硅、锗、锑化铟、磷化镓、砷化镓等，由于硅和锗的压阻效应较大，一般使用较多的是这两种半导体材料。

半导体的应变灵敏度一般随杂质的增加而减小，温度系数也是如此。值得注意的是，对于同一材料和几何尺寸制成的半导体应变片的灵敏系数不是一个常数，它会随应变片所承受的应力方向和大小不同而有所改变，所以材料灵敏度的非线性较大。此外，半导体应变片的温度稳定性较差，在使用时应采取温度补偿和非线性补偿措施。

（二）压阻式传感器

压阻式传感器是基于半导体材料的压阻效应，在半导体材料基片上利用

集成电路工艺制成扩散电阻，作为测量传感元件，扩散电阻在基片组成测量电桥，当基片受应力作用产生形变时，各扩散电阻值发生变化，电桥产生相应的不平衡输出。压阻式传感器主要用于测量压力和加速度。

三、应变片式力与压力传感器

（一）应变式力传感器

在所有力传感器中，应变式力传感器的应用最为广泛。它能应用于从极小到很大的动、静态力的测量，且测量精度高，其使用量约占力传感器总量的 90%。

应变式力传感器的工作原理与应变式压力传感器基本相同，它也是由弹性敏感元件和贴在其上的应变片组成的。应变式力传感器首先把被测力转变成弹性元件的应变，再利用电阻应变效应测出应变，从而间接地测出力的大小。弹性元件的结构形式有柱形、筒形、环形、梁形、轮辐形、S 形等。

应变片的布置和接桥方式，对于提高传感器的灵敏度和消除有害因素的影响有很大关系—根据电桥的加减特性和弹性元件的受力性质，在应变片粘贴位置许可的情况下，可粘贴 4 或 8 片应变片，其位置应是弹性元件应变最大的地方。

在实际应用中，电阻应变片用于力的测量时，需要和电桥一起使用。因为应变片电桥电路的输出信号微弱，采用直流放大器又容易产生零点漂移，故多采用交流放大器对信号进行放大处理，所以应变片电桥电路一般都采用交流电源供电，组成交流电桥。

1. 柱形应变式力传感器

柱形弹性元件通常都做成圆柱形和方柱形，用于测量较大的力，其最大量程可达 10MN。在载荷较小时（1~100 kN），为便于粘贴应变片和减小由于载荷偏心或侧向分力引起的弯曲影响，同时为了提高灵敏度，多采用空心柱体。四个应变片粘贴的位置和方向应保证其中两片感受纵向应变，另外两片感受横向应变（因为纵向应变与横向应变是互为反向变化的）。

在实际测量中，被测力不可能正好沿着柱体的轴线作用，而总是与轴线成一微小的角度或微小的偏心，这就使得弹性柱体除了受纵向力的作用外，还受到横向力和弯矩的作用，从而影响测量精度。

2．轮辐式力传感器

简单的柱式、筒式、梁式等弹性元件是根据正应力与载荷成正比的关系来测量的，它们存在着一些不易克服的缺点。为了进一步提高力传感器性能和测量精度，要求力传感器有抗偏心、抗侧向力和抗过载能力。轮辐式力传感器可满足以上要求。

轮辐式力传感器由轮圈、轮毂、辐条和应变片组成。辐条成对且对称地连接轮圈和轮毂，当外力作用在轮毂上端面和轮毂下端面时，矩形辐条就产生平行四边形变形，形成与外力成正比的切应变。此切应变能引起与中性轴成 45°方向的相互垂直的两个正负应力，即由切应力引起的拉应力和压应力，通过测量拉应力或压应力值就可知切应力的大小。因此，在轮辐式传感器中，把应变片贴到与切应力成 45°的位置上，使它感受的仍是拉伸和压缩应变，但该应变不是由弯矩产生的，而主要是由剪切力产生的，这种传感器最突出的优点是抗过载能力强，能承受几倍于额定量程的过载，此外，其抗偏心、抗侧向力的能力也较强。

（二）应变式压力传感器

应变式压力传感器是一种通过测量各种弹性元件的应变来间接测量压力的传感器。应变式压力传感器所用弹性元件可根据被测介质和测量范围的不同而采用各种型式，常见有圆膜片、弹性梁、应变筒等。

两片应变片 R_1、R_2 分别于轴向和径向用特殊胶合剂贴紧在应变筒外壁，应变筒的上端与外壳紧密固定，其下端与不锈钢密封膜片紧密连接。沿应变筒轴向贴放的 R_1 作为测量片，沿径向贴放的 R_2 作为温度补偿片。当被测压力 P 作用于不锈钢膜片而使应变筒轴向受压变形时，沿轴向贴放的 R_1 也随之产生轴向压缩应变，使 R_1 阻值变小，即 $R'_1=R_1-\Delta R_1$。另一方面，沿径向贴放的死随应变筒轴向的压缩产生拉伸变形，使 R_2 阻值变大，即 $R'_2=R_2+\Delta R_2$。

应变片 R_1、R_2 和另外两个固定电阻 R_3、R_4 组成的桥式电路，由环境温度影响使 R_1 产生的应变带来的测量误差将由 R_2 产生应变补偿。对于该压力传感器，当桥路输入直流电源最大为 10 V 时，最大输出的直流信号可达到 5 mV。

（三）压阻式压力传感器

压阻式压力传感器是基于半导体材料（单晶硅）的压阻效应原理制成的传感器，就是利用集成电路工艺直接在硅平膜片上按一定晶向制成扩散压敏电阻，当硅膜片受压时，膜片的变形将使扩散电阻的阻值发生变化。硅平膜片上的扩散电阻通常构成桥式测量电路，相对的桥臂电阻是对称布置的，电阻变化时，电桥输出电压与膜片所受压力成对应关系。

硅膜片两侧各有一个压力腔：一个是和被侧压力相连接的高压腔；另一个是低压腔，通常和大气相通。当膜片两边存在压力差时，膜片上各点存在压力。膜片上的四个电阻在应力作用下，阻值发生变化，电桥失去平衡，其输出的电压与膜片两边压力成正比。

压阻式压力传感器的特点如下：

①灵敏度高，频率响应高；

②测量范围宽，可测 10 Pa 的微压到 60 MPa 的高压；

③精度高，工作可靠，其精度可达 $\pm 0.2\% \sim 0.02\%$；

④易于微小型化，目前国内生产出直径为 $1.8 \sim 2$ mm 的压阻式压力传感器。

（四）应变片式压力传感器的优缺点

应变片也可以由很薄的铜镍合金箔片经腐蚀法加工制作。箔栅很薄只有 3～5 所以贴在弹性元件上，两者应力状态更接近，滞后小，散热面大，允许通过更大的电流，有较大的输出。栅格端头较宽，横向效应减少，可提高测量精度。它在疲劳寿命、耐高温、对大曲率表面适应性等方面，均优于一般的电阻丝应变片。应变片还可做成其他形状，以适应于实际应用。应变式压力传感器的精度一般较高，有的可达 $\pm (0.5 \sim 0.1)\%$，且体积小、重量轻、测量范围广、适应性强，可以做成各种形式。其次，它的固有频率高，可以测量变化很快的压力，一般频响可在 100 kHz 以上。应变式压力传感器的主要缺点是信号比较弱，要求质量比较高的放大系统；另外，应变电阻受温度影响比较明显，因此要有可靠的温度补偿措施。

第五章

机械量传感器及其检测技术

第一节　位移传感器及其检测技术

一、位移的检测方法和常用位移传感器

（一）位移的检测方法

位移检测笼统讲包括线位移检测和角位移检测，实际在工业现场包含：偏心、间隙、位置、倾斜、弯曲、变形、移动、圆度、冲击、偏心率、冲程、宽度等。所以，来自不同领域的许多参量都可归结为位移或间隙变化的检测，常用的位移检测方法有下述几种。

1. 积分法

测量运动物体的速度或加速度，经过积分或二次积分求得运动物体的位移。

2. 相关测距法

利用相关函数的时延性质，向某被测物发射信号，将发射信号与经被测物反射的返回信号作相关处理，求得时延，若发射信号的速度已知，则可求得发射点与被测物之间的距离。

3. 回波法

从测量起始点到被测面是一种介质，被测面以后是另一种介质，利用介质分解面对波的反射原理测位移。

4. 线位移和角位移相互转换

被测量是线位移时，若检测角位移更方便，则可用间接测量方法，通过测角位移再换算成线位移。同样，被测是角位移时，也可先测线位移再进行转换。

5. 位移传感器法

通过位移传感器，将被测位移量的变化转换成电量（电压、电流、阻抗等）、流量、磁通量等的变化，间接测位移。位移传感器法是目前应用最广泛的一种方法。

一般来说，在进行位移检测时，要充分利用被测对象所在场合和具备的条件来设计、选择检测方法。

（二）常用位移传感器的性能特点

用于位移测量的传感器很多，因测量范围的不同，所用的传感器也不同。小位移传感器主要用于从微米级到毫米级的微小位移测量，如蠕变测量、振幅测量等，常用的传感器有：应变式、电感式、差动变压器式、电容式、霍尔式等，测量精度可以达到 $0.5\% \sim 1.0\%$，其中电感式和差动变压器式传感器的测量范围要大一些，有些可达 100 mm。大位移的测量则常采用感应同步器、计量光栅、磁栅、编码器等传感器，这些传感器具有较易实现数字化、测量精度高、抗干扰性能强、避免了人为的读数误差以及方便可靠等特点。位移传感器在测量线位移和角位移的基础上，还可以测量长度、速度等物理量。表 5－1 为常见位移传感器的主要性能及其特点。

表 5－1 常用位移传感器的性能与特点

类型		测量范围	精度/％	线性度/％	工作特点
电阻式	线式、线位移（分压式）角位移	1～300 mm 0°～360°	±0.1 ±0.1	±0.1 ±0.1	分辨率较高，可用于静态或动态测量。接触元件易磨损
	变阻式、线位移角位移	1～1000 mm 0～60r	±0.5 ±0.5	±0.5 ±0.1	结构牢固，寿命长，但分辨率较差，电噪声大
应变式	非粘贴式 粘贴式 半导体式	±0.15％应变值 ±0.3％应变值 ±0.25％应变值	±0.1 ±2～±3 ±2～±3	±0.1	不牢固。 牢固，使用方便，要作温度补偿，输出幅值大

续表

类型		测量范围	精度/%	线性度/%	工作特点
电感式	自感型变气隙式 螺线管式 差动变压器式	±0.2mm 1.5~2mm ±0.08~±85mm	±0.1 ±0.5	±3	适用于微小位移测量。使用简便，动态性能较差。分辨率好，需屏蔽
	电涡流式	±2.5~±250mm	±1~±3	<3	分辨率好，被测体须是导体
	同步机 微动变压器 旋转变压器	360° ±10° ±60°	±0.1°~±8° ±1 ±1（在±10°内）	±0.5 ±0.05 ±0.1	能在1200r/min转速下工作，对温度和湿度不敏感。非线性误差与变压比和测量范围有关
电容式	变面积型 变极距型	7^{-3}~100mm 7^{-2}~10mm	±0.005 ±0.1	±1	介电常数受环境温度、湿度影响较大。分辨率很好，测量范围很小，在较小极距内保持线性
霍尔元件式		±1.5mm	0.5		结构简单，动态特性好
感应同步器	直线式 旋转式	7^{-3}~100mm 0°~360°	2.5μm/250mm ±0.5"		模拟和数字混合测量系统，数字显示（直线式感应同步器的分辨率可达1μm）
计量光栅	长光栅 圆光栅	7^{-3}~250mm 可按需要接长	3μm/1 m ±0.5"		模拟和数字混合测量系统，数字显示（长光栅分辨率为0.1~1μm）
激光干涉仪					测量精度高，操作简便，能精确测得位移及方向
磁栅	长磁栅 圆磁栅	7^{-3}~10000mm 0°~360°	5μm/1 m ±1"		测量时工作速度可达12 m/min
编码器	接触式 光电式	0°~360 0°~360	7^{-6}r/min 7^{-8}r/min		分辨率好，可靠性高
光纤式	纤维光学位移传感器	0.025~0.1mm（探头直径为2.8mm）		±1	分辨率高，约0.25μm，抗环境干扰能力强

二、电位器式传感器及位移检测

常用的位移传感器以模拟式结构型居多，包括电位器式、电感式、自整角机、电容式、涡流式、霍尔式等。从这些传感器的结构来看，都含有可动部分（如电位器的滑动臂、电容传感器的动极板、电感传感器的活动衔铁、涡流式传感器的金属板等），而且其输出量都是传感器可动部分位移的单值函数。

电位器是常用的一种电子元件，具有结构简单，成本低，性能稳定、对环境条件要求不高、输出信号大、精度高等优点，虽然存在着电噪声大、分辨力有限、精度不够高、动态响应差和寿命短等缺点，但它作为传感器可以将机械位移或其他能变换成位移的非电量变换成与其成一定函数的电阻或电压输出的变化。所以，电位器传感器但仍被广泛应用于测量变化较缓慢的线位移或角位移中，它还适用于压力、高度、加速度、航面角等的测量。

(一) 线绕式电位器测量原理

电位器按其结构形式不同，可分为线绕式和非线绕式。本书以线绕式电位器为例介绍电位器的工作原理、基本结构和特性。一般线绕式电位器额定功率范围为 0.25～50 W，阻值范围为 $100\Omega\sim100$ kΩ。

电位器的工作原理是基于均匀截面导体的电阻计算公式，即

$$R=\rho\frac{L}{S}$$

$$(5-1)$$

式中，ρ 为导体的电阻率（$\Omega\cdot$m）；L 为导体的长度（m）；S 为导体的截面积（m^2）。

由式（5-1）可知，当 ρ 和 S 一定时，其电阻 R 与长度 L 成正比。将上述电阻做成线绕式线性电位器，其原理结构如图 5-1 所示。

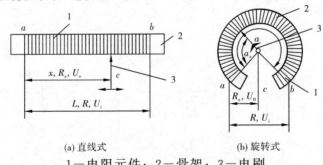

(a) 直线式   (b) 旋转式

1—电阻元件；2—骨架；3—电刷

图 5-1　绕线式线性电位器原理图

图 5-1 中，电位器由骨架、电阻元件 R 和电刷 a、b 两部分组成，电刷就是输出的抽头端，由回转轴、滑动触点元件和导电环组成。工作时，在电

阻元件 R 的 a、b 端两端加上固定的直流工作电压 U_i，从 a、c 两端就有电压 U_x 输出。若图 5-1 （a）直线式电位器电刷的总行程为 L，电刷的直线位移为 x，设电刷位移 x 时，跟随变化的电阻为 R_x，则

$$R_x = \frac{x}{L}R$$

$$(5-2)$$

若把电位器做分压器使用，电位器的负载电阻 $R_L = \infty$（相当于空载状态），根据式（5-2），则空载输出电压为

$$R_L = \infty$$

$$(5-3)$$

由式（5-3）可知，电位器在空载状态下的输出电压 U_* 与电刷的直线位移成正比。

同理，若图 5-1 （b）旋转式电位器的行程夹角为 α，电刷的旋转夹角为 α_x，设电刷旋转 α_x 时，跟随旋转的电阻为 R_x，则

$$U_x = \frac{\alpha_x}{\alpha}U_i$$

$$(5-4)$$

由式（5-4）可知，电位器在空载状态下的输出电压 U_x 与电刷的旋转夹角成正比。根据上述结论，电位器式传感器的工作原理是当电刷随着被测量产生位移时，输出电压也发生了相应的变化，从而实现了位移和电信号的转换。

（二）线绕式电位器结构类型

直线式和旋转式电位器可分别制作成直线位移传感器和角位移传感器。

旋转式位移传感器有单圈和多圈两种。但不管哪种形式的电位器式位移传感器都由骨架、电阻元件和电刷（活动触点）等组成。其中，电阻元件是由电阻系数很高的极细均匀导线按照一定的规律整齐地绕在一个由绝缘骨架上制成的。在它与电刷相接触的部分，将导线表面的绝缘去掉，然后抛光，形成一个电刷可在其上滑动的接触道；电刷由回转轴、滑动触头、臂、导向及轴承等装置组成，外部与其他被测量的机构相连接。通常电刷臂由具有弹性的金属薄片或金属丝制成弧形，利用电刷与电阻本身的弹性变形产生的弹性力，使电刷与电阻元件有一定的接触压力，以使两者在相对滑动过程中保持可靠的接触和导电。电位器常用的电阻元件的材料为铜镍合金类、铜锰合金类、铀钛合金类、镍铬丝、卡玛丝（镍铬铁铝合金）及银钯丝等；电刷触头用银、铂铱、铂铑等金属，电刷臂为磷青铜，其接触能力在 $0.005 \sim 0.05\mu m$ 之间；骨架为陶瓷、酚醛树脂和工程塑料等。

（三）线绕式电位器的基本特性

线性线绕式电位器理想的输入/输出关系遵循式（5－3）和式（5－4）。线性线绕式电位器的绕制示意图如图5－2所示。

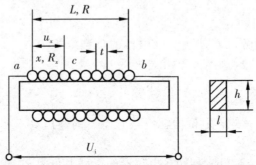

图5－2　线性线绕式电位器的绕制示意图

图5－2中的右图为电位器骨架的截面，根据公式（5－1），则电位器的电阻为

$$R = \frac{\rho}{S} 2 \ (l+h) \ n$$

（5－5）

式中，n 为绕制匝数；h 为骨架截面的高（m）；l 为骨架截面的长（m）。

图5－2中的左图为线性线绕式电位器的绕制示意图，电刷的总行程为 L（m），相邻两线绕线的距离 t（Km），也称为节距。则

$$L = nt$$

（5－6）

电位器在可移动范围内的电阻灵敏度为

$$K_R = \frac{R}{L} = \frac{2 \ (l+h) \ \rho}{S \cdot t}$$

（5－7）

电位器在可移动范围内的电压灵敏度为

$$K_u = \frac{K_i}{L} = I \cdot \frac{2 \ (l+h) \ \rho}{S \cdot t}$$

（5－8）

式中，I 为流过电位器的电流（A）。

由式（5-7）和式（5-8）可知，K_R 和 K_u 除了与电阻率 ρ 有关外，还与骨架尺寸 l 和 h 导线截面积 S、绕线节距 t 等结构参数有关；电压灵敏度还与通过电位器的电流 I 的大小有关。K_R 和 K_u 分别表示单位位移所引起的输出电阻和输出电压的变化量。若 K_R 和 K_u 均为常数，这样的电位器称为线性电位器，即改变测量电阻值 R_x 所引起输出电压 U_x 的变化为线性变化。

由图5-2可以看出，电刷在电位器的线圈上移动时，线圈一圈一圈地变化。因此，电位器的阻值随电刷移动是不连续的阶跃变化。

电刷与一匝线圈接触过程中，虽有微小位移，但电阻值无变化，则输出电压不改变，在输出特性曲线上对应地出现平直段；当电刷离开这一匝线圈而与下一匝接触时，电阻突然增加了一匝线圈的阻值，因此特性曲线相应地出现阶跃段。这样，电刷每移过一匝线圈，输出电压便阶跃一次，若电位器总匝数为小则会产生 n 个电压阶梯，其阶跃值即为线绕式电位器的分辨率。

通过每个阶梯中的直线为理论特性曲线。工程上，将围绕该直线上下波动的曲线称为理想阶梯特性曲线，两条曲线间的偏差，称为阶梯误差。

由此可见，阶梯误差和分辨率的大小都是由线绕电位器本身工作原理决定的，是一种原理性误差，它决定了电位器可能达到的最高精度。在实际设计中，为改善阶梯误差和分辨率，需要增加匝数，即减小导线直径（小型电位器通常选0.5 mm或更细的导线）或增加骨架长度（如采用多圈螺旋电位器）等。

（四）非线绕式电位器

虽然线绕式电位器具有精度高、性能稳定、易于实现线性变化等优点，但也存在分辨率差、耐磨性差、寿命较短缺点。为了克服这些缺点，人们研制了一些性能优良的非线绕式电位器。

1. 薄膜电位器

薄膜电位器的结构与精密线绕电位器大致相仿，主要区别是电阻元件是在绝缘基体（骨架）上喷涂或蒸镀具有一定形状的电阻膜带而形成的，根据喷涂材料的不同，薄膜电位器可分为合成膜电位器和金属膜电位器两类。薄膜电位器的电刷通常采用多指电刷，以减小接触电阻，提高工作的稳定性。

合成膜电位器是在绝缘基体表面喷涂一层由石墨、炭黑等材料配制的电阻液，经烘干聚合后制成电阻膜。这种电位器的优点是分辨率高、阻值范围宽（100 Ω～4.7 MΩ）、耐磨性较好、工艺简单、成本较低、线性度好，但有接触电阻大、噪声大和容易吸潮等缺点。

金属膜电位器是在玻璃或胶木基体上，用高温蒸镀或电镀方法涂覆一层金属膜而制成的。用于制作金属膜的合金为铂铑、铂铜等。这种金属膜电位器具有温度系数小、满负荷达 70℃、无限分辨率、接触电阻小等优点，但仍存在耐磨性差、功率小、阻值范围窄（10～100Ω）等缺点。

2. 导电塑料电位器

导电塑料电位器又称为实心电位器，是由塑料粉及导电材料粉（合金、石墨、炭黑等）压制而成。这种电位器的优点是耐磨性较好、寿命较长、电刷允许的接触压力较大（几十至几百克），适用于振动、冲击等恶劣条件下工作，分辨率高、阻值范围大、能承受较大的功率；其缺点是温度影响较大、接触电阻大、精度不高。

3. 导电玻璃釉电位器

导电玻璃釉电位器又称为金属陶瓷电位器，是以合金、金属氧化物等作为导电材料，以玻璃釉粉为黏合剂，经混合烧结在陶瓷或玻璃基体上制成。这种电位器的优点是耐高温、耐磨性好，电阻温度系数小且抗湿性能强；缺点是接触电阻大、噪声大、测量准确度不高。

4. 光电电位器

上述介绍的几种非线绕式电位器均是接触式电位器，它们的共同缺点是耐磨性较差、寿命较短。光电电位器是一种无接触式电位器、它克服了接触式电位器的缺点，用光束代替常用的电刷。

光电电位器在氧化铝基体上沉积一层硫化镉（CdS）或硒化镉（CdSe）的光电导层，这种半导体光电导材料，在无光照情况下，暗电阻很大，相当于绝缘体，而当受一定强度的光照射时，它的明电阻很小，相当于良导体，其暗电阻与明电阻之比可达 10^5～10^8 光电电位器正是利用半导体光电导材料的这种性质而制成的，电位器由薄膜电阻带、光电导层和导电极等主要部分组成。

光电电位器在光电导层上分别沉积薄膜电阻带和金属导电极，薄膜电阻带是电位器的电阻元件，相当于精密线绕电位器的绕组，或者相当于薄膜电位器中的电阻膜带，它有两个电极引出端 a、b，在其上加工作电压 U_i；而金属导电极相当于普通电位器的导电环，作为电位器的输出端（电极 c）而输出信号电压 U_x。薄膜电阻带和金属导电极之间形成一间隙，这样，当无光束照射在间隙的光电导材料上时，薄膜电阻带与金属导电极之间是绝缘的，没有电压输出，$U_x=0$。当有一束经过聚焦的窄光束照射在光电导层的间隙上时，该处的明电阻就变得很小，相当于把薄膜电阻带和金属导电极接通，类似于电刷触头与电阻元件相接触，这时，金属导电极输出与光束位置相应的薄膜电阻带电压，负载电阻 R_L 上便有电压输出。如果光束位置移动，就相当于电刷位置移动，输出电压 U_x 也相应变化。

光电电位器的主要优点是：由于非接触，所以电位器的精度、寿命、分辨率和可靠性都很高，阻值范围可达 $500\Omega \sim 15\ M\Omega$；光电电位器也有缺点如工作温度范围比较窄（$<150℃$），输出电流小，输出阻抗较高，且光学系统结构复杂，体积和重量较大。

（五）电位器式位移传感器

电位器式位移传感器常用于测量几毫米到几十米的位移和几度到 $360°$ 的角位移，所以有直线位移传感器和角位移传感器两种形式。

测量轴与被测物相接触，当有位移输入时，测量轴便沿导轨移动，同时带动电刷在滑线电阻上移动，因电刷的位置变化会有电压输出，据此可以判断位移的大小，并由导电片输出。一般在传感器内部要加一根拉紧弹簧，一是保证测量位置的稳定性，二是当外力撤除后，在弹簧回复力的作用下恢复到初始位置。

三、霍尔传感器及位移检测

霍尔传感器是一种利用半导体霍尔元件的霍尔效应实现磁电转换的传感器，是目前应用最为广泛的一种磁敏传感器，可用来检测磁场及其变化，适合在各种与磁场有关的场合中使用。

霍尔传感器不仅具有灵敏度高、线性度好、稳定性好、寿命长、功耗小等性能优点，还具有结构牢固、体积小、重量轻、安装方便、工作频率高（可达 $1\ MHz$）、耐振动、不怕污染或腐蚀的环境（灰尘、油污、水汽及盐雾等）外部特点，广泛应用于工业、农业、国防和社会生活中非电量电测、自动控制等各个领域。

（一）霍尔元件

1. 霍尔效应

霍尔效应的实质是磁电转换效应。有限尺寸的霍尔材料中，在 y 方向加电流 I，在 z 方向加恒定磁场 B，此时，半导体中的载流子（设为电子）将受电场力作用而向 $-x$ 方向运动。当电子以一定速度运动时，由于磁场 B 的作用产生洛伦兹力，运动的电子在电场力和洛伦兹力的作用下会改变运动轨迹而向 $-x$ 方向运动。结果在 $-x$ 平面上堆积了负电荷，而 $+x$ 平面上就有多余的正电荷，两种电荷使半导体内又产生了一个横向电场。只有当作用在电子上的洛伦兹力和电场力相平衡时，电子的运动才会停止。在稳定状态下，半导体片两侧面（x 方向）的负电荷和正电荷相对积累，形成电动势，这种现象称为霍尔效应。由此而产生的电动势称为霍尔电势。霍尔电势 U_H 的大小为

$$U_H = K_H I B$$

$$(5-9)$$

式中，K_H 为霍尔灵敏度，它表示一个霍尔元件在单位控制电流和单位磁感应强度时产生的霍尔电势差的大小；I 为控制电流；B 为磁感应强度。

式（5-9）是表示传感器受磁面与所加磁场成直角的情况。如果受磁面与所加磁场夹角为 θ，则式（5-9）变为

$$U_H = K_H I B \sin\theta$$

$$(5-10)$$

在工程应用中，控制电流 I 通常为几到几十毫安；B 的单位可为高斯（Gs）或特斯拉（T），1 特斯拉（T）$= 10^4$ 高斯（Gs）；K_H 通常表示电流为 1 mA、磁场为 1 kGs 时的输出电压，单位为 mV/（mA·kGs），它与元件材料的性质和几何尺寸有关。

2. 霍尔元件材料及特点

霍尔元件常用材料有 N 型锗（Ge），锑化铟（InSb）、砷化铅（InAs）、砷化镓（GaAs）等。目前常用的霍尔元件材料主要有 InSb 和 GaAs 两种，两者都具有良好的线性特性。

InSb 材料霍尔元件的特点：①稳定性好，受漂移电压的影响较小；②霍尔电压受温度变化影响较大；③频率特性较差。GaAs 材料霍尔元件的特点：①霍尔电压的温度系数较小；②线性好；③灵敏度低。

3. 霍尔元件外形

霍尔元件由霍尔片、4 根引线和壳体组成。霍尔片是一块矩形半导体单晶薄片，在它的长度方向两端面上焊接有 a、b 两根引线，称为控制电流端引线，通常用红色导线。在薄片的另两侧端面的中间以点的形式对称地焊接有 c、d 两根霍尔输出引线，通常用绿色导线。霍尔元件的壳体上是用非导磁金属、陶瓷或环氧树脂封装。

4. 霍尔元件主要技术参数

①输入电阻 R_1 和输出电阻 R_0。霍尔元件控制电流极间的电阻为 R_1；霍尔电压极间的电阻为 R_0。输入电阻与输出电阻一般为 $100 \sim 2000\Omega$，而且输入电阻大于输出电阻，但相差不太多，使用时不能搞错。

②额定控制电流 I。额定控制电路 I 为使霍尔元件在空气中产生 10℃ 温升的控制电流。I 大小与霍尔元件的尺寸有关，尺寸愈小，I 愈小。一般为几毫安～几十毫安。

③不等位电势 U_0 和不等位电阻 R_0。霍尔元件在额定控制电流作用下，不加外磁场时，其霍尔电压电极间的电势为不等位电势。它主要与两个电极不在同一等位面上其材料电阻率不均等因素有关。可以用输出的电压表示，或空载霍尔电压 U_H 的百分数表示，一般 U_0 不大于 10 mV。不等位电势与额定控制电流之比称为不等位电阻 R_0，U_0 及 R_0 越小越好。

④灵敏度 K_H。灵敏度是在单位磁感应强度下，通过单位控制电流所产生的霍尔电压。

⑤寄生直流电势 U_{0D}。在不加外磁场时，交流控制电流通过霍尔元件而在霍尔电压极间产生的直流电势。它主要是由电极与基片之间的非完全欧姆接触所产生的整流效应造成的。

⑥霍尔电压温度系数 α。α 为温度每变化 1℃ 霍尔电压变化的百分率。这一参数对测量仪器十分重要。若仪器要求精度高时，要选择 α 值小的元件，必要时还要加温度补偿电路。

⑦电阻温度系数 β。β 为温度每变化 1℃ 霍尔元件材料的电阻变化的百

分率。

⑧灵敏度温度系数 γ。γ 为温度每变化1℃霍尔元件灵敏度变化率。

⑨线性度。霍尔元件的线性度常用 1 kGs 时霍尔电压相对于 5 kGs 时霍尔电压的最大差值的百分比表示。

5. 霍尔元件的应用电路

(1) 基本测量电路

控制电流 I 由电源 E 供给，并通过电位器 R_P 调节其大小。霍尔元件的输出接负载电阻 R_L，R_L 可以是放大器的输入电阻或测量仪表的内阻。由于霍尔元件必须在磁场 B 和控制电流 I 的作用下才会产生霍尔电势 U_H，所以在实际应用中，可以把 I 和 B 的乘积，或者 I，或者 B 作为输入信号，则霍尔元件的输出电势分别正比于 IB 或 I 或 B。

(2) 连接方式

霍尔元件除了基本电路形式之外，如果为了获得较大的霍尔输出电势，可以采用几片叠加的连接方式，如图 5—3 所示。

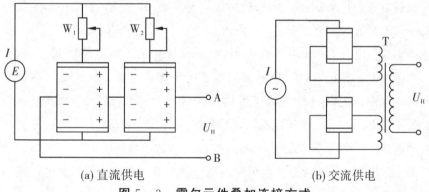

(a) 直流供电   (b) 交流供电

图 5—3 霍尔元件叠加连接方式

图 5—3 (a) 为直流供电情况。控制电流端并联，由 W_1、W_2 调节两个元件的输出霍尔电势，A、B 为输出端，则它的输出电势为单块的两倍。注意此种情况下，控制电流端不能串联，因为串联起来将有大部分控制电流被相连的霍尔电势极短接。

图 5—3 (b) 为交流供电情况。控制电流端串联，各元件输出端接输出变压器 T 的初级绕组，变压器的次级便有霍尔电势信号叠加值输出。这样可以增加霍尔输出电势及功率。

（3）输出电路

霍尔器件是一种四端器件，本身不带放大器。霍尔电势一般在毫伏量级，在实际使用时必须加差分放大器。霍尔元件大体分为线性测量和开关状态两种使用方式，因此，输出电路有两种结构。

当霍尔元件作线性测量时，最好选用灵敏度低一点、不等位电势小、稳定性和线性度优良的霍尔元件。

6．霍尔元件的测量误差和补偿方法

霍尔元件在实际应用时，存在多种因素影响其测量精度，造成测量误差的主要因素有两类：一类是半导体固有特性；另一类是半导体制造工艺的缺陷。其表现为零位误差和温度引起的误差。

（1）霍尔元件的零位误差及其补偿

零位误差是霍尔元件在加控制电流不加外力磁场或反之时，而出现的霍尔电势称为零位误差。霍尔元件的零位误差主要是由制造霍尔元件的工艺问题而出现的不等位电势引起，即制造工艺很难保证霍尔元件两侧的电极焊接在同一等电位面上，当控制电流 I 流过时，即使末加外磁场，两电极仍存在电位差，此电位差称为不等位电势 U_0。

不等位电势与霍尔电势具有相同的数量级，有时甚至超过霍尔电势，而实际使用中通过工艺措施要消除不等位电势是极其困难的，可以采用补偿的方法来实现。分析不等位电势时，可以把霍尔元件等效为一个电桥，用分析电桥平衡来补偿不等位电势。

图 5-4 中 A、B 为控制电极，C、D 为霍尔电极，在极间分布的电阻用 R_1、R_2、R_3、R_4 表示，视为电桥的四个臂。如果两个霍尔电极 A、B 处在同一等位面上，桥路处于平衡状态，即 $R_1 = R_2 = R_3 = R_4$，则不等位电势（或零位电阻为零）。如果两个霍尔电极不在同一等位面上，四个电阻不等，电桥处于不平衡状态，则不等位电势 $U_0 \neq 0$。此时根据 A、B 两点电位高低，判断应在某一桥臂上并联一个电阻，使电桥平衡，从而就消除了不等位电势。

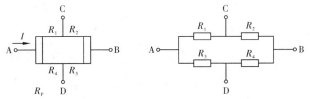

图 5-4　霍尔元件不等位电势等效电路

常用的三种消除不等位电势的补偿方法如图5-5所示。

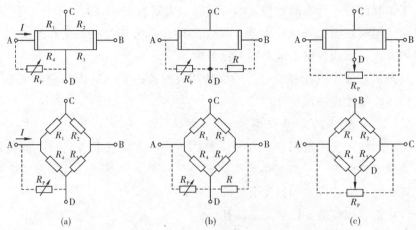

图 5-5 霍尔元件不等位电势补偿电路原理图

图 5-5（a）为在阻值较大的桥臂上并联电阻；图 5-5（b）为在两个桥臂上同时并联电阻；图 5-5（c）为加入可调电位器，显然这种方案调整比较方便。

（2）温度误差及其补偿

霍尔元件是采用半导体材料制成的，由于半导体材料的载流子浓度、迁移率、电阻率等随温度变化而变化，因此，会导致霍尔元件的内阻、霍尔电势等也随温度变化而变化。这种变化程度随不同半导体材料有所不同，而且温度高到一定程度，产生的变化相当大，温度误差是霍尔元件测量中不可忽视的误差。为了减小温度变化导致内阻（输入、输出电阻）的变化，可以对输入或输出电路的电阻进行补偿。

利用输出回路并联电阻进行补偿。在输入控制电流恒定的情况下，如果输出电阻随温度增加而增大，霍尔电势增加；若在输出端并联一个补偿电阻 R_L，则通过霍尔元件的电流减小，而通过 R_L 的电流却增大。只要适当选择补偿电阻 R_L，就可以达到补偿的目的。

利用输入回路串联电阻进行补偿。霍尔元件的控制回路用稳压电源 E 供电，其输出端处于开路工作状态，当输入回路串联适当的电阻 R 时，霍尔电势随温度的变化可以得到补偿。

除此之外，还可以在霍尔元件的输入端采用恒流源来减小温度的影响。

（二）霍尔集成传感器

霍尔传感器分为霍尔元件和霍尔集成电路两大类，前者是一个简单的霍尔片，使用时需要将获得的霍尔电压进行放大。后者是利用硅集成电路工艺将霍尔元件和测量线路集成在同一个芯片上。霍尔集成电路可分为线性型和开关型两大类，前者输出模拟量，后者输出数字量。霍尔线性器件的精度高、线性度好；霍尔开关器件无触点、无磨损、输出波形清晰、无抖动、无回跳、位置重复精度高（可达 μm 级）。采取了各种补偿和保护措施的霍尔器件的工作温度范围宽，可达 $-55\sim150℃$。

1．霍尔开关集成传感器

霍尔开关集成传感器也是一种磁敏传感器，它的输出信号是开关信号形式。霍尔开关集成传感器由稳压电路、霍尔元件、放大器、整形电路、开路输出五部分组成。稳压电路可使传感器在较宽的电源电压范围内工作，开关输出可使传感器方便地与各种逻辑电路接口。

霍尔开关集成传感器可应用于汽车点火系统、保安系统、转速、里程测定、机械设备的限位开关、按钮开关、电流的检测与控制、位置及角度的检测等。

2．霍尔线性集成传感器

霍尔线性集成传感器的输出电压与外加磁场强度在一定范围内呈线性关系，它通常由霍尔元件、恒流源和线性差动放大器组成，有单端输出和双端输出（差分输出）两种形式。这种传感器的电路比较简单，常用于精度要求不高的一些场合。较典型的线性型霍尔器件如 UGN3501 等。

霍尔线性传感器广泛用于位置、力、重量、厚度、速度、磁场、电流等的测量或控制。

3．霍尔传感器的应用

霍尔传感器的应用是通过受检对象在设置好的磁场中，其工作状态发生变化，实现非电物理量向电量转变，从而实现检测目的。由式（5－10）可知，霍尔电势是关于 I、B、θ 三个变量的函数。利用使其中两个量不变，将第三个量作为变量，或者固定其中一个量，其余两个量都作为变量。这使得霍尔传感器有许多用法。

①维持 I、θ 不变，则 $U_H = f\ (B)$，这方面的应用有：测量磁场强度的高斯计、测量转速的霍尔转速表、磁性产品计数器、霍尔式角编码器以及基于微小位移测量原理的霍尔式加速度计、微压力计等；

②维持 I、B 不变，则 $U_H = f\ (\theta)$，这方面的应用有角位移测量仪等；

③维持 θ 不变，则 $U_H = f\ (IB)$，即传感器的输出 U_H 与 I、B 的乘积成正比，这方面的应用有模拟乘法器、霍尔式功率计等。

（三）霍尔位移传感器

霍尔位移传感器的测量原理是保持霍尔元件的激励电流不变，并使其在一个梯度均匀的磁场中移动，所移动的位移正比于输出的霍尔电势。霍尔位移传感器的惯性小、频响高、工作可靠、寿命长，因此常用于将各种非电量转换成位移后再进行测量的场合。

霍尔位移传感器的灵敏度很高，但它所能检测的位移量较小，适合于微位移量及振动的测量；以微位移检测为基础，可以构成压力、应力、应变、机械振动、加速度、重量、称重等霍尔传感器。

四、光栅式、磁栅式传感器及位移检测

光栅式、磁栅式传感器属于数字式传感器，主要用于测量物体的直线位移或角位移、直线速度或角速度，输出数字信号。这种传感器具有测量精度高、分辨率高、信噪比高等特点，且很容易和其他各种数字电路对接，特别适宜在恶劣环境下和远距离传输情况下使用。数字式传感器是传感器技术的发展方向。

（一）光栅式传感器

1. 光栅简介

光栅有物理光栅和计量光栅，在检测中常用计量光栅。计量光栅有测量

直线位移的长光栅和测量角位移的圆光栅，其分辨力长度可达 $0.05\ \mu m$，角度可达 $0.1''$，且每秒钟脉冲读数可达几百次的速率，非常适合动态检测。目前光栅广泛应用于精密加工、光学加工、大规模集成电路设计、检测等方面。

下面以透射式长光栅为例介绍光栅的工作原理。

光栅是在透明的玻璃上刻有大量相互平行、等宽而又等间距的线条（透射式）或在不透明具有强反射能力的基体上均匀地划出间距、宽度相等的条纹（反射式）。黑白型长光栅如图 5－6 所示。

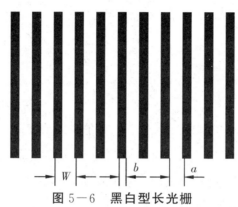

图 5－6 黑白型长光栅

图 5－6 中，设透光的缝宽为 a，不透光的缝宽为 b，一般情况下，光栅的透光缝宽等于不透光的缝宽，即 $a＝b$。图中 $W＝a＋b$ 称为光栅的栅距（也称为光栅节距或光栅常数），它是光栅的一个重要参数。光栅栅线的密度一般分为 10 线/mm、25 线/mm、50 线/mm、100 线/mm、200 线/mm 等几种。圆光栅两条相邻栅线的中心线夹角称为角节距，栅线的数量从较低精度的 100 线到高精度的 21600 线都有。

2. 长光栅式传感器的结构和原理

长光栅式传感器是高精度、大位移、数字式的位移传感器，其主要由主光栅、指示光栅和光路系统组成（主光栅和指示光栅合称光栅副）。

透射式光栅传感器的指示光栅、主光栅叠合在一起，主光栅固定不动，指示光栅安装在运动部件上，两者之间形成相对运动，且保持 0.05 mm 或 0.1 mm 的间距。指示光栅和主光栅的栅线有微小的夹角 θ，由于挡光效应或光的衍射，这时在与光栅线纹大致垂直的方向上，即两刻线交角的二等分线处，产生明暗相间的条纹——莫尔条纹。莫尔条纹的方向与刻线的方向相垂直，故又称横向条纹。

在光栅两栅线交角的二等分线处安装两只光敏元件（或四只）。当指示光栅沿 x 轴自左向右移动时，莫尔条纹的亮带和暗带将顺序自下而上周期性的扫过光敏元件，光敏元件感知到光强的变化近似于正弦波。光栅移动一个栅距 W，光强变化一个周期。

当光栅相对移动一个光栅栅距 W 时，莫尔条纹移动一个间距 B_H。栅距 W、间距 B_H、两光栅刻线夹角 θ 之间的关系为

$$B_H = \frac{W}{\sin\dfrac{\theta}{2}} \approx \frac{W}{\theta}$$

$$(5-11)$$

由式（5—11）可知：夹角 θ 越小，莫尔条纹的间距 B 越大。当 $\theta = 10'$ 时，$1/\theta \approx 344$，可知莫尔条纹间距 B 为栅距 W 的 344 倍，莫尔条纹具有位移的放大作用，提高了光栅传感器的测量灵敏度。

3. 光栅信号的输出

莫尔条纹通过光栅固定点（光敏元件）的数量刚好与光栅移动的栅线数量相等。主光栅移动一个栅距 W，莫尔条纹就变化一个周期（2π），通过光电转换元件，可将莫尔条纹的变化变成近似正弦波形的电信号。电压小的相应于暗条纹，电压大的对应于明条纹，它的波形看成是一个直流分量上叠加了一个交流分量。

$$U = U_0 + U_m \sin\left(\frac{x}{W}360°\right)$$

$$(5-12)$$

式中，x 为主光栅与指示光栅间瞬时位移；U_0 为直流电压分量；U_m 为交流电压分量幅值；U 为输出电压。

由式（5—12）可见，输出电压反映了瞬时位移的大小，当 x 从 0 变化到 W 时，相当于电角度变化了 $360°$，如采用 50 线/mm 的光栅，当主光栅移动了 x mm 时，即 $50x$ 条。将此条数用计数器记录，就可知道移动的相对距离。

由于光栅式传感器只能产生一个正弦信号，因此不能判断 x 移动的方向。实际上光栅信号输出是采取如图 5—7 所示的形式。在一个莫尔条纹周期内设置 4 个光敏元件（细分技术），接收信号在相位上相差 90°，再将相位差 180°的信号输入差动放大器，分别得到两路信号，称为正弦信号和余弦信号，经差分放大后，信号中的直流分量和偶次谐波均减小。将放大后的两路信号整形为方波，经微分电路转换为脉冲信号，再由辨向电路和时逆计数电路计数，则可以数字形式实时地显示出位移量的大小。

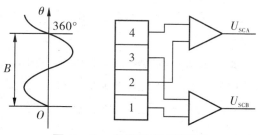

图 5—7　光栅输出示意图

　　位移是矢量，所以位移的测量除了要确定大小之外，还要确定其方向。光栅副在相对运动时，在视场中某一点观察莫尔条纹都是作明暗交替变化，故利用单一的光电元件可以确定条纹的移动个数，却无法辨别其移动的方向，所以在实际的测量电路中必须加入辨向电路。

　　4．光栅式传感器的应用

　　由于光栅式传感器在位移检测中的突出优势，使它逐渐成为数控机床的主要位置检测元件，实现机床的精密定位、长度检测工作。

　　控制系统生成的指令控制工作台的移动，首先在工作台移动的过程中，光栅式传感器不断检测工作台的实际位置，并进行反馈，与设定值形成位置偏差。当偏差为零对，表示工作台已经到达指定位，伺服电动机停转，工作台能准确地停在指令位置上。基于此，一些配套企业对应研发了微机光栅数显表，一方面用以替代传统的标尺读数，另一方面大幅度提高加工精度和效率。该数显表还实现了公制/英制转换、绝对/相对转换、线性误差补偿、正反方向计算、归零、插值补偿、到达目标值停机、PCD 圆周分孔、200 组零位记忆、掉电记忆等功能。

（二）磁栅式传感器

　　磁栅式传感器利用磁栅与磁头的磁作用进行测量的位移传感器。与光栅式传感器类似，磁栅式传感器也属于高精度数字式传感器。作为高精度测量长度和角度的仪器，磁栅式传感器具有成本较低且便于安装和使用的特点。当需要时，可将原来的磁信号（磁栅）抹去，重新录制；还可以安装在好后再录制磁信号，这对于消除安装误差和设备本身的几何误差，以及提高测量精度都十分有利；并且可以采用激光定位录磁，而不需要采用感光、腐蚀等工艺，因而精度较高，可达±0.01 mm/m，分辨率为1～5μm。同时磁栅式传感器可作为自动控制系统中的检测元件，如三坐标测量机、程控数控机床及高精度重、中型机床控制系统中的测量装置等。其缺点是需要屏蔽和防尘。

1. 组成与工作原理

磁栅式传感器主要由磁栅（亦称磁尺）、磁头和检测电路组成。

磁尺是测量位移的基准尺，磁头用来读取磁尺上的记录信号，检测电路为磁头提供激励电压，同时将磁头检测到的位移变化信号转换为脉冲电压信号输出，并以数字形式显示出来。

（1）磁栅

磁栅类似于一条录音带，上面记录有一定波长的矩形波或正弦波磁信号。它实质上是一种具有磁化信息的标尺，是用不导磁的、工作面平直度在0.005～0.01 mm/m以内的金属做尺基，并在其表面均匀镀一层0.10～0.20 mm厚的磁性薄膜，经过N、S极的均匀录磁而形成，也可以在钢尺材料表面上涂一层抗磁材料做尺基。录磁后的磁栅相当于一个个小磁铁按照NS、SN、NS……极性排列起来，就是说磁栅上的磁场强度是呈现周期性的正弦变化，在N−N处为正的最大值，在S−S处为负的最大值。因此，在磁头上感应出的位移信号也为正弦交流信号。

按结构可将磁栅划分为长磁栅和圆磁栅两种，前者用于测量直线位移，后者用于测量角位移。长磁栅又分为尺型、带型和同轴型三种，工作时，磁头用片簧机构固定于磁头架上，并随着被测位移沿磁尺基面不接触运动，产生出感应信号。

（2）磁头

磁头的作用是把磁尺上的信号转换成电信号，就是在测量时读取磁尺上记录信号的作用。按读取信号方式的不同，磁头可分为静态磁头和动态磁头两种。

①静态磁头。静态磁头又称磁通响应式磁头。它可用在磁头与磁栅间无

相对运动的测量。

静态磁头有两个绕组，一为励磁绕组 W_1，另一为输出绕组 W_2。在励磁绕组上加交变的励磁信号 u，使截面很小的 H 形铁芯中间部分在每个周期内两次被励磁信号产生的磁通所饱和。这时铁芯的磁阻很大，磁栅上的信号磁通就不能通过，输出绕组上无感应电动势。只有在励磁信号每周期两次过零时，铁芯不饱和，磁栅上的信号磁通才能通过输出绕组的铁芯而产生感应电动势，磁头移动一个节距 W，感应电动势就变化一个周期。其频率为励磁信号频率的两倍，幅值与磁栅的信号磁通大小成比例。

②动态磁头。动态磁头又称速度响应式磁头。它仅有一组输出绕组，只有在磁头与磁栅间有连续相对运动时才有信号输出。运动速度不同，输出信号的大小也不同，静止时将没有信号输出，所以一般不适合于长度测量。磁头的输出为正弦信号，在 NN 处达正向峰值，在 SS 处达负向峰值。

2. 静态磁头的信号处理方式

静态磁头在实际应用中，是用两个磁头来读取磁栅上的磁信号，它们的安装位置相距 $(m\pm1/4)W$，其中 m 为整数。也就是说两个磁头在空间上有 90°相差，其信号处理有鉴幅和鉴相两种方式。

（1）鉴幅方式

两个磁头的输出电压相位差为 90°，分别为

$$\begin{cases} u_1 = U_m \sin\dfrac{2\pi x}{W}\sin\omega t \\ u_2 = U_m \cos\dfrac{2\pi x}{W}\sin\omega t \end{cases}$$

$$(5-13)$$

经检波器去掉载波信号（$\sin2\omega t$）后可得输出电压为

$$\begin{cases} u'_1 = U_m \sin\dfrac{2\pi x}{W} \\ u'_2 = U_m \cos\dfrac{2\pi x}{W} \end{cases}$$

$$(5-14)$$

式（5—14）表明，两个输出电压的幅值与磁头位置成比例，通过细分和鉴相电路处理后，以数字量形式送显示器显示出位移 x。

（2）鉴相方式

将两个磁头中的某一个激励电压移相 45°，或将其输出移相 90°，则两个

磁头的输出电压分别为

$$\begin{cases} u_1 = U_m \sin \dfrac{2\pi x}{W} \cos 2\omega t \\[3mm] u_2 = U_m \cos \dfrac{2\pi x}{W} \sin 2\omega t \end{cases}$$

$$(5-15)$$

将 u_1 和 u_2 相加得到总的输出电压为

$$u_0 = u_1 + u_2 = U_m \sin\left(\frac{2\pi x}{W} + 2\omega t\right)$$

$$(5-16)$$

式（5—16）表明输出信号是一个幅值不变，但其相位与磁头、磁栅的相对位移量有关的信号。读出输出信号的相位，就可以得到位移量，这就是鉴相法的工作原理。

磁栅传感器的优点是成本低廉，安装、调整、使用方便，特别是在油污、粉尘较多的工作环境中使用，具有较好的稳定性，可以广泛用于各类机床作位移测量传感器。其缺点是：当使用不当时易受外界磁场的影响，其精度略低于感应同步器。目前线位移测量误差约为±（2+5×7⁻⁶L）μm，角位移测量误差约为±5″。

五、编码器传感器及位移检测

编码器是将位移量转换成数字代码形式输出的传感器，也属于数字式传感器。这类传感器的种类很多，按其结构形式有直线式编码器和旋转式编码器，直线式编码器又称编码尺，旋转式编码器又称为编码盘。编码尺和编码盘可以分别用于直线位移和角位移的测量。由于许多直线位移是通过转轴的运动产生的，因此旋转式编码器应用得更为广泛。按编码器的检测原理，可以分为电磁式、接触式、光电式等。目前，在精密位移检测中光电式编码器的使用最为广泛，其具有非接触、体积小、分辨率高的特点。

（一）光电式编码器的结构

光电式编码器主要由安装在旋转轴上的编码圆盘（码盘）、狭缝以及安装在圆盘两边的光源和光敏元件等组成。

光源发出的光线，经柱面镜变成一束平行光或会聚光，照射到码盘上，码盘由光学玻璃制成，其上刻有许多同心码道，每位码道上都有按一定规律排列着的若干透光和不透光部分，即亮区和暗区。通过亮区的光线经狭缝后，形成一束很窄的光束照射在光电元件上，光电元件的排列与码道一一对应。当有光照射时，对应于亮区和暗区的光电元件输出的信号相反，例如前者为"1"，后者为"0"。光电元件的各种信号组合，反映出按一定规律编码的数字量，代表了码盘轴的转角大小。由此可见，码盘在传感器中是将轴的转角转换成代码输出的主要元件。

（二）绝对式光电编码器

绝对式码盘一般由光学玻璃制成，上面刻有许多同心码道，每位码道上都有按一定规律排列的透光和不透光部分，即亮区和暗区。编码器码盘按其所用码制可分为二进制码、十进制码、循环码等。

6 位的二进制码盘其最内圈码盘一半透光、一半不透光，最外圈一共分成 $2^6=64$ 个黑白间隔。每一个角度方位对应于不同的编码。例如，零位对应于 000000（全黑），第 23 个方位对应于 010111。这样在测量时，只要根据码盘的起始和终止位置，就可以确定角位移，而与转动的中间过程无关。一个 n 位二进制码盘的最小分辨率，即能分辨的最小角度为 $\alpha=360°/2^n$。

（三）增量式光电编码器

增量式码盘一般只有三个码道，不能直接产生几位编码输出。它是一个被划分成若干交替透明和不透明扇形区的圆盘，最外圈的码道是用来产生计数脉冲的增量码道，另有一条码道往往开有一个（或一组）特殊的窄缝，用于产生定位或零位信号。

在编码器的相对两侧分别安装光源和光电器件，当码盘转动时，检测光路时通时断，形成光电脉冲。通过信号处理电路的整形、放大、细分、辨向后输出脉冲信号或显示角位移。

增量编码器的分辨率以每转的计数值来表示，和码盘圆周上狭缝条纹数有关，能分辨的角度 $\alpha=360°/n$，分辨率 $=1/n$。例如，某码盘的每转计数为 2048，则可分辨的最小角度为 $10'33''$。

第二节　厚度传感器及检测技术

一、超声波式传感器及厚度检测

超声波式厚度传感器是根据超声波脉冲反射原理来进行厚度测量的，适用的材料主要有：金属（如钢、铸铁、铝、铜等）、塑料、陶瓷、玻璃、玻璃纤维及超声波的良导体材料。

双晶直探头中的压电晶片发射超声波脉冲，超声脉冲通过被测物体到达试件分界面时，被反射回来，并被另一只压电晶片所接收。只要精确测出从发射超声波脉冲到接收超声波脉冲所需的时间 t，再乘以被测体的声速常数 c，就是超声脉冲在被测件中所经历的来回距离，再除以 2，就得到厚度 δ：

$$\delta = \frac{1}{2}ct$$

(5—17)

由于超声波式厚度传感器为了提高信号强度和减小界面波必须使用耦合剂，因此属于接触式厚度检测。按此原理设计的测厚仪可对各种板材和各种加工零件作精确测量，也可以对生产设备中各种管道和压力容器进行监测，监测它们在使用过程中受腐蚀后的减薄程度。该传感器可广泛应用于石油、化工、冶金、造船、航空、航天等各个领域。

由于影响超声波式传感器测厚精度的因素很多，所以在使用时需注意：①测厚仪需要校准，包括探头选择、试块准备、声速的确定、温度的考虑等；②测厚仪与工件接触方式要合理；③工件表面处理要符合规范；④厚度测量部位和测厚点数的选择；⑤测量数据的应用和整理等。超声波式厚度传感器的主要技术指标有：厚度范围（6～500 mm）、测量精度［±0.1 mm（最高）］、被测物温度（≤80℃）。

二、电涡流式传感器及厚度检测

将块状金属导体置于变化的磁场中或在磁场中作切割磁力线的运动时，根据法拉第电磁感应定律，导体内会产生旋涡状的感应电流，把这种电流称之为电涡流，这种现象称为电涡流效应。电涡流式传感器就是利用电涡流效应制造而成的。在实际工程中，电涡流式传感器主要用来对位移、振动、厚度、转速、表面温度、硬度、材料损伤等进行非接触式连续测量，具有结构简单、体积小、灵敏度高、频响范围宽、不受油污等介质影响的特点。

（一）电涡流式传感器工作原理

电涡流式传感器如图 5－8 所示。

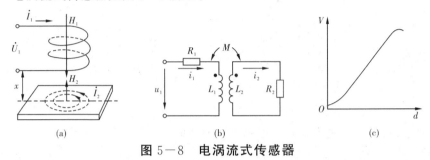

图 5－8　电涡流式传感器

图 5－8（a）中，电涡流式传感器主要是一只固定于框架上的扁平线圈，它与一个电容并联，构成一个并联谐振回路。当线圈通以高频（200 kHz 左右）交变电流源 i_1 时，线圈周围就产生一个交变磁场 H_1，若被测导体靠近该磁场，在磁场作用范围的导体表层，就产生了与这个外磁场相交链的电涡流 i_2，而此电涡流又将产生一个交变磁场 H_2。对电涡流而言，由于其相位的落后，电涡流的磁场从平均角度看，总是抵抗外磁场的存在，即 H_2 与 H_1 方向相反，力图削弱原磁场 H_1。从能量角度来看，在被测导体内存在电涡流的损耗和磁损耗，但在高频时电涡流损耗值远大于磁损耗值，所以一般只需考虑电损耗即可。能量的损耗，使传感器的品质因数和等效阻抗减低，因此当被测体与传感器间的距离了改变时，使传感器的品质因数、等效阻抗和电感发生变化，这样就把位移量转换成为电量，这也就是电涡流式传感器的基本原理。

为分析方便，将被测导体上形成的电涡流等效为一个短路环中的电流。这样，线圈与被测导体便等效为相互耦合的两个线圈，如图 5－8（b）所示。设线圈的电阻为，电感为，阻抗为；短路环的电阻为，电感为；线圈与短路环之间的互感系数为 M。

M 随线圈与导体之间的距离 x 减小而增大。加在线圈两端的激励电压为 u_1。根据基尔霍夫定律，可列出电压平衡方程组：

$$\begin{cases} R_1 I_1 + j\omega L_1 \dot{I}_1 - j\omega L_1 \dot{I}_2 = \dot{U}_1 \\ -j\omega M \dot{I}_1 + R_2 I_2 + j\omega L_2 \dot{I}_2 = 0 \end{cases}$$

$$(5-18)$$

解得

$$\dot{I}_1 = \cfrac{\dot{U}_1}{R_1 + \cfrac{\omega^2 M^2}{R_2^2 + (\omega L_2)^2}R_2 + j\omega\left[L_1 - \cfrac{\omega^2 M^2}{R_2^2 + (\omega L_2)^2}L_2\right]}$$

$$\dot{I}_2 = j\omega\frac{M\dot{I}_1}{R_2 + (\omega L_2)} = \frac{M\omega^2 L_2 \dot{I}_1 + j\omega M R_2 \dot{I}_1}{R_2^2 + (\omega L_2)^2}$$

$$(5-19)$$

由此可求得线圈受金属导体涡流影响后的等效阻抗为

$$Z = R_1 + R_2\frac{\omega^2 M_2}{R_2^2 + (\omega L_2)^2} + j\omega\left[L_1 - L_2\frac{\omega^2 M_2}{R_2^2 + (\omega L_2)^2}\right] = R + j\omega L$$

$$(5-20)$$

式中，R、L 分别为线圈靠近被测导体时的等效电阻和等效电感。

从式（5-20）可知，由于涡流的影响，线圈阻抗的实数部分增大，虚数部分减小，因此线圈的品质因数 Q 下降。由式（5-20）可得

$$Q = Q_0\frac{1 - \cfrac{L_2}{L_1}\cfrac{\omega^2 M_2}{Z_2^2}}{1 + \cfrac{R_2}{R_1}\cfrac{\omega^2 M_2}{Z_2^2}}$$

$$(5-21)$$

式中，$Q_0 = L_1/R_1$ 为无涡流影响时线圈的 Q 值；$Z_2 = \sqrt{R_2^2 + (\omega L_2)^2}$ 为短路环的阻抗。

Q 值的下降是由涡流损耗所引起的，并与被测导体的导电性和距离 x 直接有关。所以，当被测导体与电涡流线圈的间距 x 减小时，电涡流线圈与被测导体的互感量 M 增大，等效电感 L 减小，等效电阻 R 增大，品质因数 Q 值降低。可以通过测量 Q 值的变化来间接判断电涡流的大小。

由式（5-20）和式（5-21）可知，电涡流式传感器和被测导体的阻抗、电感和品质因数都是其互感系数平方的函数，而互感系数又是距离了的非线性函数，因此，$Z = f_1(x)$、$L = f_2(x)$、$Q = f_x(x)$ 都是非线性函数。若

变换为电压 u 与位移 x 间的特性曲线，在中间一段呈线性关系，传感器的线性范围大小、灵敏度高低不仅与 Q、L 或 Z 有关，而且与传感器线圈的形状和大小有关。

（二）电涡流式传感器的结构

电涡流式传感器由探头线圈、延伸电缆和前置器组成。其中，探头线圈一般是绕在一个扁平空心的高频铁氧体磁芯上，满足由于激励源频率较高（大于 500 kHz），且要求磁力线集中的要求，外部用聚四氟乙烯等高品质因数塑料密封；前置器由振荡器、检测电路、放大器和线性补偿等组成。

探头直径越大，测量范围越大，但分辨率越差，灵敏度也降低。有研究表明各种不同参数的电涡流式传感器，在线圈薄时灵敏度高（一般在 0.2 mm 以上），线圈内径改变时，只有在被测体与传感器靠近处灵敏度才有变化。同时发现在被测体远离时，传感器的 Q 值对灵敏度的影响较大。传感器的线性范围，在未采用线性补偿电路时，一般为线圈外径的 1/3～1/5。

（三）电涡流式传感器的测量转换电路

根据电涡流式传感器的基本原理，传感器与被测体间的距离可以变换为传感器的 Q 值、等效阻抗 Z 和等效电感 L 三个参数，究竟是利用哪一个参数，则由其测量转换电路来决定。因此，测量转换电路的任务是把这些参数变换为频率或电压。常用的测量转换电路有谐振电路、电桥电路与 Q 值测试电路等，鉴于篇幅有限，这里主要介绍谐振电路。目前电涡流式传感器所用的谐振电路有三种类型：定频调幅式、变频调幅式与调频式。

1. 定频调幅电路

石英晶体振荡器通过耦合电阻 R，向探头线圈电感 L_x 与电容 C_0 组成的并联谐振回路提供一个稳频稳幅高频激励信号，相当于一个恒流源。在无被测导体时，$L_x C_0$ 并联谐振回路调谐在与晶体振荡器频率一致的谐振状态（频率为 f_0），这时回路阻抗最大，回路压降最大。

当传感器接近被测导体时，损耗功率增大，回路失谐，输出电压相应变小。若输出电压的频率 f_0 始终恒定，此测量转换电路称为定频调幅式。

定频调幅式测量转换电路虽然有很多优点，并获得广泛应用。但其输出电压与位移，不是线性关系，电路易受温度影响而必须采取各种温度补偿措施，所以造成产生线路较复杂，装调较困难。

2. 变频调幅电路

变频调幅电路的基本原理是将传感器线圈直接接入电容三点式振荡回路。当导体接近传感器线圈时，由于涡流效应的作用，振荡器输出电压的幅度和频率都发生变化，利用振荡幅度的变化来检测线圈与导体间的位移变化，而对频率变化不予理会。

与定频调幅电路的谐振曲线所不同的是，振荡器输出电压不是各谐振曲线与 f_0 的交点，而是各谐振曲线峰点的连线。

这种电路除结构简单、成本较低外，还具有灵敏度高、线性范围宽等优点，因此监控等场合常采用它。必须指出，该电路用于被测导体为软磁材料时，虽由于磁效应的作用使灵敏度有所下降，但磁效应时对涡流效应的作用相当于在振荡器中加入负反馈，因而能获得很宽的线性范围。所以如果配用涡流板进行测量，则应选用软磁材料。

3. 调频电路

调频电路与变频调幅电路一样，将传感器线圈接入电容三点式振荡回路，所不同的是，以振荡频率的变化作为输出信号。如欲以电压作为输出信号，则应后接鉴频器。

由电工知识可知，并联谐振回路的谐振频率为

$$f = \frac{1}{2\pi\sqrt{LC_0}}$$

$$(5-22)$$

当电涡流线圈与被测体的距离 x 改变时，电涡流线圈的电感量 L 也随之改变，引起 LC 振荡器的输出频率变化，此频率可以通过 F/V 转换器（又称为鉴频器），将转换为电压 ΔU_0，由表头显示出电压值。也可以直接将频率信号（TTL电平）送到计算机的计数/定时器，测量出频率的变化。

这种电路的关键是提高振荡器的频率稳定度。通常可以从环境温度变化、电缆电容变化及负载影响三方面考虑。其中，提高谐振回路元件本身的稳定性也是提高频率稳定度的一个措施。为此，传感器线圈 L 可采用热绕工艺绕制在低膨胀系数材料的骨架上，并配以高稳定的云母电容或具有适当负温度系数的电容（进行温度补偿）作为谐振电容 C_0。此外，提高传感器探头的灵

敏度也能提高仪器的相对稳定性。

（四）涡流式传感器的安装与使用

1. 涡流式传感器的安装

①被测体为平面时，探头的敏感端面应与被测表面平行；被测体为圆柱时，探头轴线与被测圆柱轴线应垂直相交；被测体为球面时，探头轴线应过球心。安装传感器时，传感器之间的安装距离不能太近，以免产生相邻干扰。

②安装传感器时，应考虑传感器的线性测量范围和被测间隙的变化量，尤其当被测间隙总的变化量与传感器的线性工作范围接近时。在订货选型时，一般应使所选的传感器线性范围大于被测间隙的15％以上。通常，测量振动时，将安装间隙设在传感器的线性中点；测量位移时，要根据位移往哪个方向变化或往哪个方向的变化量较大来决定其安装间隙的设定。当位移向远离探头端部的方向变化时，安装间隙应设在线性近端；反之，则应设在远端。

③不属于被测体的任何一种金属接近电涡流传感器线圈，都能干扰磁场，从而产生线圈的附加损失，导致灵敏度的降低和线性范围的缩小。所以不属于被测体的金属与线圈之间，至少要相距一个线圈的直径 D 大小。

安装传感器时，头部宜完全露出安装面，否则应将安装面加工成平底孔或倒角，以保证探头的头部与安装面之间不小于一定的距离。

④传感器安装使用的支架的强度应尽量高，其谐振频率至少为机器转速的 10 倍，这样才能保证测量的准确性。

2. 涡流式传感器的使用

电涡流传感器利用电涡流探头与被测金属体之间的磁性耦合程度来实现检测。因此在电涡流传感器的使用中，必须考虑被测体的材料和几何形状、尺寸等对被测量的影响。

①被测材料对测量的影响。根据式（5－20）可知，被测体电导率和磁导率的变化都会引起线圈阻抗的变化。一般情况下，被测体的电导率越高，则灵敏度也越高；但被测体为磁性体时，导磁率效果与涡流损耗效果呈相反作用。因此与非磁性体相比，灵敏度低。所以被测体在加工过程中遗留下来的剩磁需要进行消磁处理。

②被测体几何形状和大小对测量的影响。为了充分有效地利用电涡流效

应，被测体的半径应大于线圈半径，否则将使灵敏度降低。一般涡流传感器，涡流影响范围约为传感器线圈直径的 3 倍。被测体为圆盘状物体的平面时，物体的直径应为传感器线圈直径的 2 倍以上，否则灵敏度会降低；被测体为圆柱体时，它的直径必须为线圈直径的 3.5 倍以上，才不会影响测量结果。

被测体的厚度也不能太薄，一般情况下，只要有 0.2 mm 以上的厚度，测量就不受影响。

（五）涡流式传感器的应用

1. 位移和振动测量

一些高速旋转的机械对轴向位移的要求很高。如当汽轮机运行时，叶片在高压蒸汽推动下高速旋转，它的主轴要承受巨大的轴向推力。若主轴的位移超过规定值，则叶片有可能与其他部件碰撞而断裂。采用电涡流式传感器可以对旋转机械的主轴的轴向位移进行非接触测量。电涡流式传感器可以用来测量各种形式的位移量，最大位移可达数百毫米，一般分辨率达 0.1%。但其线性度较差，只能达到 1%。

又如在汽轮机或空气压缩机中常用电涡流式传感器来监控主轴的径向振动。在研究轴的振动时，需要了解轴的振动形式，绘出轴的振动图。为此，可采用多个电涡流式传感器探头并列安装在轴的侧面附近，用多通道指示仪输出并记录，以获得主轴各个部位的瞬时振幅及轴振动图。

2. 转速测量

如果被测旋转体上有一条或数条槽，或做成齿状，利用电涡流式传感器可测量出该旋转体的转速。当转轴转动时，传感器周期性地改变着与旋转体表面之间的距离，于是它的输出电压也周期性地发生变化。此脉冲电压信号经信号放大、变换后，可以用频率计指示出频率值，从而测出转轴的转速。被测体转速 n、频率 f 和槽齿数 z 的关系是 $n = \dfrac{60f}{z}$。

（六）电涡流式厚度传感器

电涡流式传感器的电涡流探头线圈的阻抗受诸多因素影响，例如金属材料的厚度、尺寸、形状、电导率、磁导率、表面因素、距离等。所以电涡流式传感器多用于定性测量，即使要用作定量测量，也必须采用前面述及的逐点标定、计算机线性纠正、温度补偿等措施。

电涡流式厚度传感器就是利用涡流效应来实现对金属材料厚度的测量的，特点是测量范围宽、反应快和精度高。该传感器可分为高频反射式和低频透射式两类。

1. 高频反射式涡流测厚仪

高频检测线圈绕制在框架的开槽中，形成一个扁平线圈，线圈采用高强度漆包线。

高频反射式涡流测厚仪的测量电路有调幅式和调频式两种。

调幅式以稳频稳幅正弦波高频振荡器供电，检测线圈电感 L 与电容 C_1、C_2 组成谐振回路，并处于谐振状态。当电感线圈的高频磁场作用于被测金属板表面时，由于金属板的涡流反射作用，使 L 值降低，造成回路失谐，串联在回路中电阻 R 上的压降将减小，在其他条件不变的情况下，失谐程度仅与检测线圈到金属板的距离 d 有关。一般失谐回路的检波电压 U 与距离 d 有一段线性的范围。这个线性范围与检测线圈直径有关，线圈直径增大时，线性范围也增大。

调频式电路检测线圈电感 L 与电容 C 并联组成谐振回路，并以这个回路作为高频振荡器的振荡回路，当距离 d 变化时，使 L 改变，因而改变了谐振频率，这样就把距离变化变成了频率变化，再经过鉴频器就可以得到与 d 成正比的输出电压。

由上述测量电路工作原理可知，在实际测量中，常在被测金属板上、下对称的地方各装一个特性相同的传感器。这两个传感器分别测出它们至金属板上、下表面的距离小和如果两传感器距离为 D，则金属板厚度 $h = D - (d_1 + d_2)$。

高频涡流测厚仪主要应用于被测物厚度变化不大、环境好、被测物运行平稳等场合。其缺点是对测量环境要求高、测量精度受外界因素影响大、不能测量高温物体。

2. 低频透射式厚度测量仪

在被测金属板上、下方各垂直安装一个电感线圈，上方为励磁线圈，由正弦波音频信号发生器供电（U），因此在线圈 L_1 周围将产生音频交变磁场。如果两线圈间不存在被测物体，则 L_2 线圈将直接受 L_1 产生的交变磁场作用而产生感应电势 E。感应电势 E 的大小与励磁电压 U 及两个线圈的参数、距离等有关。如果在两线圈中有被测金属板通过，则由 L_1 产生的磁通除有一部分可以通过检测线圈 L_2 外，还有一部分由于中间金属导体中产生涡流而损耗，中间金属厚度愈大，损耗愈多，透过的磁力线就愈少。因此在检测线圈 L_2 中的感应电势 E 也将相应减小。这样就可以由 L_2 中产生感应电势大小来测量被测物体的厚度。

在实际测量时还应注意，在金属板中产生的涡流损失不仅决定于厚度，而且还与其材料特性有关。对同一材料，使用不同励磁频率对输出也影响很大，一般在频率提高时，可以得到较高的电压灵敏度，但线性不好；而在采用较低频率时，虽然线性有改善，但灵敏度却大大降低，因此频率的选择要结合具体情况而定。

涡流式测厚仪是一种非接触式测厚仪表，它的测量范围宽、反应时间快、动态精度高，因此广泛应用于冶金工业中，如在冷轧机上对金属带材厚度的自动检测。

三、核辐射式传感器及厚度检测

核辐射传感器是根据被测物质对射线的吸收、反射和散射或射线对被测物质的电离激发作用而进行工作的。该传感器是核辐射式检测仪表的重要组成部分，它是利用放射性同位素来进行测量的，又称同位素传感器。

核辐射传感器主要由放射源、接收器（探测器）、电信号转换电路和显示仪表组成，可用来测量物质密度、厚度和物位等参数，分析气体成分，探测物体内部结构等，又称为辐射物位计。

（一）核辐射传感器的测量原理

由于物质都是由一些最基本的物质－－元素所组成的，而组成每种元素的最基本单元是原子，每种元素的原子都不是只存在一种，把具有相同的核电荷数而有不同的质子数的原子所构成的元素称为同位素。假设某种同位素的原子核在没有外力的作用下自动发生衰变，衰变中会释放出 α 射线、β 射线、γ射线、X射线等，这种现象称为核辐射。放出射线的同位素称为放射性同位素，又称放射源。

放射性同位素的种类很多，由于核辐射检测仪表对采用的放射性同位素要求它的半衰期比较长（半衰期是指放射性同位素的原子核数衰变到1/2所需要的时间，这个时间又称放射性同位素的寿命），且对放射出来的射线能量也有一定要求，因此常用的放射性同位素有 Sr^{90}（锶）、Co^{60}（钴）、Cs^{137}（铯）、Am^{241}（镅）等20多种。

用于检测的核辐射线的性质如下：

①α粒子。α粒子的质量为4.002775u（u为原子质量单位），它带有正电荷，一般具有4～10 MeV能量，其电离能力较强，主要用于气体分析，也可用来测量气体压力、流量等参数。

②β粒子。β粒子的质量为0.000549u，带有一个单位的电荷，能量为100 keV至几兆电子伏特，实际上是高速运动的电子，它在气体中的射程可达20 m。在自动检测中，主要根据β辐射吸收来测量材料的厚度、密度或重量；根据辐射的反射和散射来测量覆盖层的厚度，利用β粒子很大的电离能力来测量气体流。

③γ射线。γ射线是一种从原子核内发射出来的电磁辐射，在物质中的穿透能力比较强，在气体中的射程为数百米，能穿过几十厘米厚的固体物质。γ射线主要用于金属探伤、厚度检测及物体密度检测等。

（二）核辐射式厚度传感器

核辐射式厚度传感器利用核辐射线进行测量，可分为穿透式和反射式两类。穿透式测厚仪由同位素核辐射源和核辐射传感器（检测器）组成。被测的塑料板、纸板、橡皮板等材料在辐射源和传感器之间经过。当射线穿过板材时，一些射线被板材吸收，使传感器接收到的射线减弱。对于密度不变的材料，辐射吸收量随厚度变化，因此可测出厚度。下面以γ射线式测厚仪为例分析其测量原理。

γ射线式测厚仪是从原子核内部放出的不带电的光子流，穿透力极强。如果放射源的半衰期足够长，在单位时间内放射出的射线量一定，即射线的发射强度 I 恒定。当γ射线穿透被测物时，被测物本身吸收一定射线能量（被吸收能量多少取决于被测物的厚度和材质等因素）。我们通过测量被吸收后射线的强度，即可实现被测物厚度的检测。被测物厚度与射线衰减强度的关系如下：

$$I = I_0 e^{jph}$$

$$(5-23)$$

式中，I、I_0为射线通过被测物前后的辐射强度；μ为被测物的吸收系数；h为被测物厚度；ρ为被测物密度。

由式（5-23）可以看出，传感器的测量范围与材料密度有关，一般按被测表面单位面积所含质量计算，称为质量厚度（均匀材料的厚度与质量厚度正比）。

穿透式γ射线式测厚仪的放射源和检测器分别置于被测物上下。

γ射线式测厚仪的放射源一般为Cs^{137}或Co^{60}。当被测物通过时，检测器测到射线强度的变化，经计算机运算后得到被测物厚度。

穿透式γ射线式测厚仪具有稳定、寿命长和测量精度高的特点，在使用时要注意辐射剂量要随被测物的厚度和材质而变，另外还要留意温度的影响，主要技术指标有：厚度范围（2～100 mm）、标定精度（±0.25%）、响应时间（阶跃1 ms）、被测物温度（≤1300℃）。这种传感器还适于测量镀层或涂层的厚度。

（三）X射线式厚度传感器

X射线式厚度传感器又称为X射线式测厚仪，其工作原理与γ射线式测厚仪基本相同，所不同的是用人造X射线管代替了天然核辐射源。这里不再赘述。特点是X射线的强度可控、发射可控，因此比较安全。主要技术指标有：厚度范围（0.2～19 mm）、测量精度（±0.1%）、响应时间（30 ms）、被测物温度（≤1300℃）。

第六章

流量检测与物位检测

第一节　流量检测

一、流量测量概述

流量是工业生产过程操作与管理的重要依据。在具有流动介质的工艺过程中，物料通过工艺管道在设备之间来往输送和配比，生产过程中的物料平衡和能量平衡等都与流量有着密切的关系。因此通过对生产过程中各种物料的流量测量，可以进行整个生产过程的物料和能量衡算，实时最优控制。

流体的流量是指流体在单位时间内流经某一有效截面的体积或质量，前者称体积流量（m^3/s），后者称质量流量（kg/s）。

如果在截面上流体的速度分布是均匀的，则体积流量的表达式为

$$q_v = vA$$

$$(6-1)$$

式中，v 为流体流过截面时的平均流速；A 为截面面积。

如果密度介质为 ρ，则流体的质量流量为

$$q_m = \rho q_v = \rho vA$$

$$(6-2)$$

流过管道某截面的流体的速度在截面上各处不可能是均匀的，假定在这个截面上某一微小单元面积 dA 上速度是均匀的，流过该单元面积上的体积流

量为

$$dq_V = vdA$$

整个截面积上的体积流量为

$$q_v = \int_A dq_V = \int_A vdA$$

(6-3)

以上定义的体积流量和质量流量又称瞬时流量。在某段时间内流体通过的体积总量和质量总量称为累积流量或流体总量，即

$$\begin{cases} V = \int_t q_V dt \\ M = \int_t q_m dt \end{cases}$$

(6-4)

用来测量流量的仪表统称为流量计。测量流方总量的仪表称为流体计量表或总量计。随着流量测量仪表及测量技术的发展，大多数流量计都同时具备测量流体瞬时流量和计算流体总量的功能。这两种仪表通常都由一次装置和二次仪表组成。一次装置安装于流体导管内部或外部，根据流体与一次装置相互作用的物理定律，产生一个与流量有确定关系的信号。一次装置又称流量传感器。二次仪表接收一次装置的信号，并转换成流量显示信号或输出信号。

（一）流体的物理性质与管流基础知识

在流量测量中，必须准确地知道反映被测流体属性和状态的各种物理参数，如流体的密度、黏度、压缩系数等。对管道内的流体，还必须考虑其流动状况、流速分布等因素。

1. 流体的密度

单位体积的流体所具有的质量称为流体密度，用数学表达式表示为

$$\rho = \frac{M}{V}$$

(6-5)

式中，ρ 为流体的密度（kg/m^3）；M 为流体质量（kg）；V 为流体体积（m^3）。

2. 流体黏度

流体黏度是表示流体黏滞性的一个参数。由于黏滞力的存在，将对流体的运动产生阻力，从而影响流体的流速分布，产生能量损失（压力损失），影响流量计的性能和流量测量。

根据牛顿的研究，流体运动过程中阻滞剪切变形的黏滞力与流体的速度梯度和接触面积成正比，并与流体黏性有关，其数学表达式为

$$F = \mu A \frac{du}{dy}$$

$$(6-6)$$

式中，F 为黏滞力；A 为接触面积；du/dy 为流体垂直于速度方向的速度梯度；μ 为表征流体黏性的比例系数，称为动力黏度或简称黏度，各种流体的黏度不同。式（6－6）称为牛顿黏性定律。

流体的动力黏度 μ 与流体密度 ρ 的比值称为运动粘度 v，即

$$v = \frac{\mu}{\rho}$$

$$(6-7)$$

其中，动力黏度的单位为帕斯卡秒（Pa·s）；运动黏度的单位为米之/秒（m^2/s）。

服从牛顿黏性定律的流体称为牛顿流体，如水、轻质油、气体等。不服从牛顿黏性定律的流体称为非牛顿流体，如胶体溶液、泥浆、油漆等。非牛顿流体的黏度规律较为复杂，目前流量测量研究的重点是牛顿流体。

流体黏度可由黏度计测定，有些流体的黏度可查表得到。

3. 流体的压缩系数和膨胀系数

所有流体的体积都随温度和压力的变化而变化。在一定的温度下，流体体积随压力增大而缩小的特性，称为流体的压缩性；在一定压力下，流体的体积随温度升高而增大的特性，称为流体的膨胀性。

流体的压缩性用压缩系数表示，定义为：当流体温度不变而所受压力变化时，其体积的相对变化率，即

$$k = -\frac{1}{V}\frac{\Delta V}{\Delta P}$$

$$(6-8)$$

式中，k 为流体的体积压缩系数（Pa^{-1}）；V 为流体的原体积（m^3）；ΔP 为流体压力的增量（Pa）；ΔV 为流体体积变化量（m^3）；因为 ΔP 与 ΔV 的符号总是相反，公式中引入负号以使压缩系数人总为正值。

液体的压缩系数很小，一般准确度要求时其压缩性可忽略不计。通常把液体看作是不可压缩流体，而把气体看作是可压缩流体。

流体的膨胀性用膨胀系数来表示，定义为：在一定的压力下，流体温度变化时其体积的相对变化率，即

$$\beta = \frac{1}{V}\frac{\Delta V}{\Delta T}$$

$$(6-9)$$

式中，β 为流体的体积膨胀系数（$℃^{-1}$）；V 为流体的原体积（m^3）；ΔV 为流体体积变化量（m^3）；ΔT 为流体温度变化量（乞）。

流体膨胀性对测量结果的影响较明显，无论是气体还是液体均须予以考虑。

4. 雷诺数

根据流体力学中的定义，雷诺数是流体流动的惯性力与黏滞力之比，表示为

$$Re = \frac{\bar{u}\rho L}{\mu} = \frac{\bar{u}L}{v}$$

$$(6-10)$$

式中，Re 为雷诺数，无量纲；$\bar{u}$ 为流动横截面的平均流速（m/s）；μ 为动力黏度（$Pa \cdot s$）；v 为运动黏度（n2/s）；ρ 为流体的密度（kg/m^3）；L 为特征长度（m）。

在圆管流中，特征长度为管道内径 D，故圆管流时雷诺数为

$$Re_D = \frac{\bar{u}\rho D}{\mu} = \frac{\bar{u}D}{v}$$

$$(6-11)$$

雷诺数是判别流体状态的准则，在紊流时流体流速分布更是与雷诺数有关，因此在流量测量中，雷诺数是很重要的一个参数。

5. 管流类型

通常把流体充满管道截面的流动称为管流。管流分为下述几种类型：

①单相流和多相流在自然界中，物体的形态多种多样，有固态、液态和

气态。热力学上将物体中每一个均匀部分叫作一个相，因此，各部分均匀的固体、液体和气体可分别称为固相、液相和气相物体或统称为单相物体。

管道中只有一种均匀状态的流体流动称为单相流，如只有单纯气态或液态流体在管道中的流动；两种不同相的流体同时在管道中流动称为两相流；两种以上不同相的流体同时在管道中流动称为多相流。

②可压缩和不可压缩流体的流动流体可分为可压缩流体和不可压缩流体，所以流体的流动也可分为可压缩流体流动和不可压缩流体流动两种。这两种不同的流体流动在流动规律中的某些方面有根本的区别。

③稳定流和不稳定流当流体流动时，若其各处的速度和压力仅与流体质点所处的位置有关，而与时间无关，则流体的这种流动称为稳定流；若其各处的速度和压力不仅和流体质点所处的位置有关，而且与时间有关，则流体的这种流动称为不稳定流。

④层流与紊流管内流体有两种流动状态：层流和紊流。层流中流体沿轴向作分层平行流动，各流层质点没有垂直于主流方向的横向运动，互不混杂，有规则的流线。紊流状态时，管内流体不仅有轴向运动，而且还有剧烈的无规则的横向运动。

两种流动状态有不同的流动特性。层流状态流量与压力降成正比；紊流状态流量与压力降的二次方根成正比，且两种流动状态下管内流体流速的分布也不同。

可以用雷诺数 Re_D 作为判别管内流体的流动是层流还是紊流的判据。通常认为，$Re_D=2320$ 从层流转变为紊流的临界值。当流体 Re_D 小于该数值时，流动是层流；大于该数值时，流动就开始转变为紊流。

6. 流速分布与平均流速

流体有黏性，当它在管内流动时，即使是在同一管路截面上，流速也因其流经的位置不同而不同。越接近管壁，由于管壁与流体的黏滞作用，流速越低；管中心部分的流速最快。流体流动状态不同将呈现不同的流速分布。

对具有圆形截面的管内流动情况，当管内流体为层流状态时，沿半径方向上的流速分布可用下式表示

$$u_x = u_{max} \left(1 - \frac{r_x}{R}\right)^2$$

$$(6-12)$$

式中，u_x 为距管中心距离处的流速；u_{max} 为管中心处最大流速；r_x 为距管中心的径向距离；R 为管内半径。

从式（6−12）可知层流状态下流速呈轴对称抛物线分布，在管中心轴上达到最大流速。当管内流体为紊流状态时，沿半径方向上的流速分布为

$$u_x = u_{max} \left(1 - \frac{r_x}{R}\right)^{1/n}$$

（6−13）

式中，n 为随流体雷诺数不同而变化的系数。

从式（6−13）可知紊流状态下流速呈轴对称指数曲线分布。与层流状态相比较，其流速在近管壁处比层流时的流速大，在管中心处比层流时的流速小。此外，其流速分布形状随雷诺数不同而变化，而层流流速分布与雷诺数无关。

流体需流经足够长的直管段才能形成上述管内流速分布，而在弯管、阀门和节流元件等后面管内流速分布会变得紊乱。因此，对于由测量流速进而求流量的测量仪表在安装时其上下游必须有一定长度的直管段。在无法保证足够的直管段长度时，应使用整流装置。

通过测流速求流量的流量计一般是检测出平均流速，然后求得流量。对于层流，平均流速是管中心最大流速的 0.5 倍（$\overline{u} = 0.5 u_{mix}$）；紊流时的平均流速与 n 值有关

$$\overline{u} = \frac{2n^2}{(n+1)(2n+1)} u_{max}$$

（6−14）

7. 流体流动的连续性方程和伯努利方程

（1）连续性方程

研究流体流动问题时，认为流体是由无数质点连续分布而组成的连续介质，表征流体属性的密度、速度和压力等流体物理量也是连续分布的。

考虑流体在一管道内的定常流动，任取一管段，设截面 I 、截面 II 处的面积、流体密度和截面上流体的平均流速分别为 A_1、ρ_1、$\overline{u}_1$ 和 A_2、ρ_2、$\overline{u}_2$。

根据质量守恒定律，单位时间内经过截面 I 流入管段的流体质量必等于通过截面 II 流出的流体质量。即有连续性方程

$$\rho_1 \overline{u}_1 A_1 = \rho_2 \overline{u}_2 A_2$$

（6−15）

由于截面 I 、截面 II 是任取的，故上式对管道中任意两个截面均成立。

若应用于不可压缩流体，ρ 则为常数，方程可简化为

$$\overline{u}_1 A_1 = \overline{u}_2 A_2$$

（6—16）

（2）伯努利方程

当理想流体在重力作用下在管内定常流动时，对于管道中任意两个截面 I 和 II 有如下关系式（伯努利方程）

$$gZ_1 + \frac{p_1}{\rho} + \frac{\overline{u_1^2}}{2} = gZ_2 + \frac{p_2}{\rho} + \frac{\overline{u_2^2}}{2}$$

（6—17）

式中，g 为重力加速度；Z_1，Z_2 为截面 I 和 II 相对基准线的高度；p_1，p_2 为截面 I 和 II 上流体的静压力；$\overline{u}_1$，$\overline{u}_2$ 为截面 I 和 II 上流体的平均流速。

伯努利方程是流体运动的能量方程。在式（6—17）中，p/ρ 表示单位质量的压力势能，$\overline{u_1^2}/2$ 表示单位质量的动能，gZ 表示单位质量的位势能。伯努利方程说明，流体运动时，不同性质的机械能可以互相转换且总的机械能守恒。应用伯努利方程，可以方便地确定管道中流体的速度或压力。

实际流体具有黏性，在流动过程中要克服流体与管壁以及流体内部的相互摩擦阻力而做功，这将使流体的一部分机械能转化为热能而耗散。因此，实际流体的伯努利方程可写为

$$gZ_1 + \frac{p_1}{\rho} + \frac{\overline{u_1^2}}{2} = gZ_2 + \frac{p_2}{\rho} + \frac{\overline{u_2^2}}{2} + h_{wB}$$

（6—18）

式中，h_{wB} 为截面 I 和 II 之间单位质量实际流体流动产生的能量损失。

（二）流量测量

1. 流量测量方法

生产过程中各种流体的性质各不相同，流体的工作状态（如介质的温度、压力等）及流体的黏度、腐蚀性、导电性也不同。很难用一种原理或方法测量不同流体的流量。

生产过程的情况复杂，某些场合的流体是高温、高压，有时是气液两相或液固两相的混合流体，所以目前流量测量的方法很多。测量原理和流量传感器（或称流量计）也各不相同。流量测量包括体积流量测量和质量流量测

量。其中体积流量测量方法主要有以下两类：

（1）速度式

速度法是以测量管道内流体的平均流速，再乘以管道截面积求得流体的体积流量的。实际实现时常利用管道中流量敏感元件（如孔板、转子、涡轮等）把流体的流速变换成压差、位移、转速等对应的信号来间接测量流量的。基于这种检测方法的流量检测仪表有差压式流量计、转子式流量计、电磁流量计和超声波流量计等。

（2）容积式

容积式流量检测法是根据已知容积的容室在单位时间内所排出流体的次数来测量流体的瞬时流量和总流量。基于这种检测方法的流量检测仪表有椭圆齿轮流量计、活塞式流量计和刮板流量计等。

在工业生产中，由于物料平衡，热平衡以及储存、经济核算等所需要的都是质量，并非体积，所以在测量工作中，常需将测出的体积流量，乘以密度换算成质量流量。但由于密度随温度、压力而变化，所以在测量流体体积流量时，要同时测量流体的压力和密度，进而求出质量流量。在温度、压力变化比较频繁的情况下，难以达到测量的目的。这样便希望用质量流量计来测量质量流量，而无须再人工进行上述换算。

质量流量的测量方法主要有三类：

①直接式。即直接检测与质量流量成比例的量，检测元件直接反映出质量流量，如角动量式、量热式和科氏力（即科里奥利力）式等。直接式质量流量测量具有不受流体压力、温度、黏度等变化影响的优点。

②推导式。即用体积流量计和密度计组合的仪表来同时检测出体积流量和流体密度，再将体积流量乘以被测流体密度而得到质量流量。

③补偿式。同时检测流体的体积流量和流体的温度、压力值，再根据流体的密度与温度、压力的关系，由计算单元计算得到该状态下流体的密度值，再计算得到流体的质量流量值。

许多直接式的测量方法和所有的推导式的测量方法，其基本原理都是基于式（6—2）所示的质量流量的基本方程式，即

$$q_m = \rho v A$$

如果管道的流通截面积 A 为常数，对于直接式质量流量测量方法，只要

检测出与 ρv 乘积成比例的信号，就可以求出流量。而推导式测量方法，是由仪表分别检测出密度 ρ 和流速 v，再将两个信号相乘作为仪表输出信号。应该注意，对于瞬变流量或脉动流量，推导式测量方法检测到的是按时间平均的密度和流速；而直接式测量方法是检测各量的瞬时值。因此，通常认为，推导式测量方法不适于测量瞬变流量。

补偿式测量方法在现场需要同时检测流体的体积流量和温度、压力，并通过计算装置自动转换成质量流量。这样的方法，对于测量温度和压力变化较小，服从理想气体定律的气体，以及测量密度和温度呈线性关系（温度变化在一定范围内），并且流体组成已定的液体时，自动进行温度、压力补偿还是不难的。然而，温度变化范围较大、液体的密度和温度不是线性关系，以及高压时气体变化规律不服从理想气体定律，特别是流体组成变化时，就不宜采用这种方法。

2．流量仪表的主要技术参数

（1）流量范围

流量范围指流量计可测的最大流量与最小流量的范围。正常使用条件下，在该范围内流量计的测量误差不超过允许值。

（2）量程和量程比

流量范围内最大流量与最小流量值之差称为流量计的量程。最大流量与最小流量的比值称为量程比，亦称流量计的范围度。

量程比是评价流量计计量性能的重要参数，它可用于不同流量范围的流量计之间比较性能。量程比大，说明流量范围宽。流量计的流量范围越宽越好，但流量计量程比的大小受仪表测量原理和结构的限制。

（3）允许误差和准确度等级

流量仪表在规定的正常工作条件下允许的最大误差，称为该流量仪表的允许误差，一般用最大相对误差和引用误差来表示。

流量仪表的准确度等级是根据允许误差的大小来划分的，其准确度等级有：0.02、0.05、0.1、0.2、0.5、1.0、1.5、2.5等。

（4）压力损失

安装在流通管道中的流量计实际上是一个阻力件，在流体流过时将造成压力损失，这将带来一定的能源消耗。压力损失通常用流量计的进、出口之间的静压差来表示，它随流量的不同而变化。

压力损失的大小是流量仪表选型的一个重要技术指标。压力损失小，流体能耗小，输运流体的动力要求小，测量成本低；反之则能耗大，经济效益相应降低。故希望流量计的压力损失越小越好。

二、体积流量检测

体积流量的检测方法很多，下面对几种典型的体积流量计原理进行介绍。

（一）差压式流量计

差压式流量计是在流通管道上安装孔板等流动阻力元件（节流元件），流体通过阻力元件时，流束将在节流元件处形成局部收缩，流通横截面积减小，使流速增大，静压力降低，于是在阻力元件前后产生压力差。该压力差通过差压计检出，根据伯努利方程原理，流体的流速或体积流量与差压计所测得的差压值有确定的数值关系。通过测量差压值便可求得流体流量，并转换成电信号（如 DC4~20mA）输出。节流式差压流量计主要由节流元件（孔板）、引压管路、三阀组和差压计组成。把流体流过阻力件使流束收缩造成压力变化的过程称节流过程，其中的阻力元件称为节流元件。

（二）转子式流量计

转子式流量计又名浮子式流量计或面积流量计。主要由一根自下向上扩大的垂直锥管和一只可以沿着锥管的轴向自由移动的浮子组成。当被测流体自锥管下端流入流量计时，由于流体的作用，浮子上下端面产生一差压，该差压即为浮子的上升力。当差压值大于浸在流体中浮子的质量时，浮子开始上升。随着浮子的上升，浮子最大外径与锥管之间的环形面积逐渐增大，流体的流速则相应下降，作用在浮子上的上升力逐渐减小，直至上升力等于浸在流体中的浮子的质量时，浮子便稳定在某一高度上。这时浮子在锥管中的高度与所通过的流量有对应的关系；测得浮子高度 h 的大小就可以测量流量。可以将这种对应关系直接刻度在流量计的锥管上。显然，对于不同的流体，由于密度发生变化，相同的流速对浮子产生的浮力将会不一样，浮子所处的高度也会不一样，原来的流量刻度将不再适用。所以原则上，转子流量计应该用实际介质进行标定。

浮子流量计具有结构简单，使用维护方便，对仪表前后直管段长度要求不高，压力损失小且恒定，测量范围比较宽，工作可靠且线性刻度，可测气体、蒸汽（电、气远传金属浮子流量计）和液体的流量，适用性广等特点。

（三）超声波流量计

超声波流量测量方法有很多，这里主要介绍传播速度差方法的基本原理与流量方程。传播速度差法的基本原理是通过测量超声波脉冲在顺流和逆流传播过程中的速度之差来得到被测流体的流速。

在测量管道中，装两个超声波发射换能器 F_1 和 F_2 以及两个接收换能器 J_1 和 J_2，F_1J_2 和 F_2J_1 与管道轴线夹角为 α，管道直径为 D，流体由左向右流动，速度为 v，此时由 F_1 到 J_2 超声波传播速度为

$$c_1 = c + v\cos\alpha$$

$$(6-19)$$

到超声波传播速度为

$$c_2 = c - v\cos\alpha$$

$$(6-20)$$

由此可得

$$v = \frac{c_1 - c_2}{2\cos\alpha}$$

$$(6-21)$$

根据测量的物理量的不同，可以分为时差法（测量顺、逆流传播时由于超声波传播速度不同而引起的时间差）、相差法（测量超声波在顺、逆流中传播的相位差）、频差法（测量顺、逆流情况下超声脉冲的循环频率差）。频差法是目前常用的测量方法，它是在前两种测量方法的基础上发展起来的。

1. 时差法

如果超声波发生器发射一短小脉冲，其顺流传播时间为

$$t_1 = \frac{D/\sin\alpha}{c + v\cos\alpha}$$

$$(6-22)$$

而逆流传播的时间为

$$t_2 = \frac{D/\sin\alpha}{c - v\cos\alpha}$$

(6—23)

逆流和顺流传播时间差为

$$\Delta t = t_2 - t_1 = \frac{2Dv\cot\alpha}{c^2 - v^2\cos^2\alpha}$$

(6—24)

由于 $v \ll c$，则

$$\Delta t = \frac{2Dv\cot\alpha}{c^2}$$

(6—25)

故流体的流速为

$$v = \frac{c^2\Delta t}{2Dv\cot\alpha}$$

(6—26)

流体的体积流量为

$$q_v = Av = \frac{\pi D^2}{4}\frac{c^2\Delta t}{2D\cot\alpha} = \frac{\pi Dc^2}{8}\Delta t\tan\alpha$$

(6—27)

从式（6—27）可以看出，当声速 c 为常数时，流体的体积流量与时间差 Δt 成正比，测得时间差，就可以求出流量。但是在实际应用中 Δt 非常小，若流量测量要达到 1‰的精度，则时差测量需要达到 0.01μs 的精度。这样不仅对测量电路要求高，而且限制了测量流量的下限。因此，为了提高精度，早期采用了检测灵敏度高的相位差法。

2. 相位差法

所谓相位差法，即是通过测量超声波在顺流和逆流时传播的相位差来得到流速。

设超声波换能器向流体发射的超声波为

$$s(t) = A\sin(\omega t + \phi_0)$$

(6—28)

式中，A 为超声波的幅值；ϕ_0 为超声波的初始相位角。

假设在 $t=0$ 时，有 $\phi_0=0$，则在顺流方向发射，收到信号的相位角为 $\phi_1=\omega t_1$；在逆流方向发射，收到信号的相位角为 $\phi_2=\omega t_2$。因此在顺流和逆流时接收信号之间的相位差为

$$\Delta\phi=\phi_2-\phi_1=\omega\Delta t=2\pi f\Delta t$$

由此可见，相位差 $\Delta\phi$ 比时间差 Δt 大 $2\pi f$ 倍，且在一定范围内，f 越大放大倍数就越大，因此相位差 $\Delta\phi$ 比时间差 Δt 更容易测量。

利用相位差法测量流体流速和流量的计算公式为

$$\begin{cases} v=\dfrac{c^2\Delta\phi}{4\pi fD\cot\alpha} \\[2mm] q_0=\dfrac{Dc^2}{16f}\Delta\phi\tan\alpha \end{cases}$$

$$(6-29)$$

3. 频差法

频差法是通过测量顺流和逆流时超声脉冲的重复频率差去测量流速。在单通道法中脉冲重复频率是在一个发射脉冲被接收器接收之后，立即发射出一个脉冲，这样以一定频率重复发射，对于顺流和逆流重复发射频率为

$$\begin{cases} f_1=\dfrac{c+v\cos\alpha}{D/\sin\alpha}=\dfrac{c+v\cos\alpha}{D}\sin\alpha \\[2mm] f_2=\dfrac{c-v\cos\alpha}{D/\sin\alpha}=\dfrac{c-v\cos\alpha}{D}\sin\alpha \end{cases}$$

$$(6-30)$$

发射频率之差为

$$\Delta f=f_1-f_2=\frac{c+v\cos\alpha}{D}\sin\alpha-\frac{c-v\cos\alpha}{D}\sin\alpha=\frac{\sin2\alpha}{D}v$$

$$(6-31)$$

则流体的体积流量为

$$q_v=\frac{\pi}{4}D^3\frac{\Delta f}{\sin2\alpha}$$

$$(6-32)$$

由式（6—32）可知，流体的流量与频差成正比，与声速 v 无关，这是频差法的最显著的特点。频差 Δf 小，直接测量时误差大，为了提高测量精度，一般采用倍频技术。由于顺逆流两个声回路在测循环频率时会相互干扰，工

作难以稳定，而且要保证两个声循环回路的特性一致也是非常困难的。因此实际应用频差法测量流量时，仅用一对换能器按时间交替转换作为接收器和发射器使用。

超声波流量计由超声波换能器、电子电路和测量显示仪表组成。电子电路包括发射电路、接收电路和控制测量电路，显示系统可显示瞬时流量和累积流量。在测量时，超声波换能器置于管道外，不与流体直接接触，不破坏流体的流场，没用压力损失。可用于测量腐蚀性、高黏度液体和非导电液体得流量，尤其是测量大口径管道的水流量或各种水渠、河流、海水的流速和流量，在医学上还用于测量血液流量等。

(四) 涡街式流量计

涡街式流量计是利用流体流过阻碍物时产生稳定的漩涡，通过测量其漩涡产生频率而实现流量计量的。涡街式流量计由涡街流量传感器和流量显示仪表两部分构成。

1. 检测原理

涡街式流量计实现流量测量的理论基础是流体力学中著名的"卡门涡街"原理。在流动的流体中放置一根其轴线与流向垂直的非流线性柱形体（加三角柱、圆柱体等），称为漩涡发生体。

当流体沿漩涡发生体绕流时，会在漩涡发生体下游产生不对称但有规律的交替漩涡列，这就是所谓的卡门涡街。由于漩涡之间的相互影响，其形成通常是不稳定的。只有当两漩涡列之间的距离 h 和同列的两漩涡之间的距离 L 之比满足 $h/L = 0.281$ 时，所产生的涡街才是稳定的，且单列涡街产生的频率 f 与柱体附近流体的流速 v、柱体的特征尺寸 d 之间的关系式为

$$f = s_1 \frac{v}{d}$$

$$(6-33)$$

式中，s_1 称为斯特罗哈尔数。对于圆柱体 $s_t = 0.21$，对于三角柱 $s_t = 0.16$，在此范围内，单列涡街产生的频率 f 只与柱体附近流体的流速 v、柱体的特征尺寸 d 有关，而不受流体的温度、压力、密度和黏度等影响。

在管道中插入漩涡发生体时，假设发生体处的流通截面积为 A_0，则流体的体积流量为

$$q_v = vA_0 = \frac{\pi D^2 md}{4S_t} f$$

$$(6-34)$$

式中，$m = A_0/A$，$A = \pi D^2/4$。

2. 漩涡频率的测量

漩涡频率的检出有多种方式，可以将检测元件放在漩涡发生体内，检测由于漩涡产生的周期性的流动变化频率，也可以在下游设置检测器进行检测。

3. 涡街流量计的特点

涡街流量计测量精度较高，为 $\pm 0.5\% \sim \pm 1\%$；量程比宽，可达 30：1；在管道内无可动部件，使用寿命长，压力损失小，水平或垂直安装均可，安装与维护比较方便；测量几乎不受流体参数（温度、压力、密度、黏度）变化的影响，用水或空气标定后的流量计无须校正即可用于其他介质的测量；仪表输出是与体积流量成比例的脉冲信号，易与数字仪表或计算机相连接。这种流量计对气体、液体和蒸汽介质均适用，是一种正在得到广泛应用的流量仪表。

涡街流量计实际是通过测量流速测流量的，流体流速分布情况和脉动情况将影响测量准确度，因此适用于紊流流速分布变化小的情况，并要求流量计前后有足够长的直管段。

（五）电磁流量计

1. 测量原理

电磁流量计是根据法拉第电磁感应定律制成的一种测量导电液体体积流量的仪表。设在均匀磁场中，垂直于磁场方向有一个直径为的管道。管道由不导磁材料制成，当导电的液体在导管中流动时，导电液体切割磁力线，因而在磁场及流动方向垂直的方向上产生感应电动势，如安装一对电极，则电极间产生和流速成比例的电位差。感应电动势的大小为

$$E = BDv$$

$$(6-35)$$

式中，B 为磁感应强度；D 为管道直径；v 为流体平均流速。则流体的麻积流量为

$$q_v = \frac{\pi D^2}{4} \upsilon = \frac{\pi D}{4B} E$$

(6－36)

式中，$k = \dfrac{\pi D}{4B}$ 称为仪表常数。对于确定的电磁流量计，k 为定值。

应当指出，式（6－36）必须符合以下假定条件时才成立，即：磁场是均匀分布的恒定磁场；被测流体是非磁性的；流速轴为对称分布；流体电导率均匀且各向同性。

2. 电磁流量计的结构

电磁流量计在结构上一般由传感器和转换器两部分组成。一般情况下，传感器和转换器是分开的，传感器安装在生产过程工艺管道上感受流量信号；转换器将传感器送来的流量信号进行放大，并转换成标准电信号，以便进行显示、记录、计算和调节控制。也有的电磁流量计将转换器和传感器装在一起，组成一体型电磁流量计，可就地远传显示或控制。

（1）电磁流量计的传感器

电磁流量计传感器主要由测量管组件、磁路系统、电极及干扰调整机构部分组成。下面主要介绍测量管组件、磁路系统及电极。

①测量管组件。测量管组件位于传感器中心，两端带有连接法兰或其他形式的连接装置，被测流体由测量管通过。测量管上下装有励磁线圈，通过励磁电流后产生磁场穿过测量管，一壁与液体相接触，引出感应电势，送到转换器。励磁电流则由转换器提供。为避免磁力线被测量导管管壁短路，并尽可能地降低涡流损耗，以让磁力线能顺利地穿过测量管进入被测介质，测量导管由非导磁的高阻材料制成，一般为不锈钢、玻璃钢或某些具有高电阻率的铝合金，并在满足强度的前提下，管壁应尽量薄。其次，为了防止电极上的流量信号被金属管壁所短路，使流体与测量导管绝缘，在测量管内侧应有一完整的绝缘衬里。衬里材料应根据被测介质，选择有耐腐蚀、耐磨损、耐高温等性能的材料，如搪瓷、环氧树脂、聚四氟乙烯、耐酸橡胶等。电磁流量计的外壳用铁磁材料制成，以屏蔽外磁场的干扰，保护仪表。

②磁路系统。磁路系统主要由励磁线圈和磁轭组成，以产生均匀和具有较大磁通量的工作磁场。目前，一般有三种励磁方式，即直流励磁、交流励磁和低频方波励磁。现分别予以介绍。

a. 直流励磁。直流励磁方式用直流电或永久磁铁产生一个恒定的均匀磁场。这种直流励磁变送器的最大优点是受交流电磁场干扰影响很小，因而可以忽略液体中的，自感现象的影响。但是，使用直流磁场易使通过测量管道的电解质液体被极化，即电解质在电场中被电解，产生正负离子，在电场力的作用下，负离子跑向正极，正离子跑向负极。这样，将导致正负电极分别被相反极性的离子所包围，严重影响仪表的正常工作。所以，直流励磁一般只用于测量非电解质液体，如液态金属钠或汞等。

b. 交流励磁。对电解性液体，一般采用交流励磁，可以克服直流励磁的极化现象。目前，工业上使用的电磁流量计大部采用工频（50Hz）电源交流励磁方式，即它的磁场是由正弦交变电流产生的，所以产生的磁场也是一个交变磁场。交变磁场变送器的主要优点是消除了电极表面的极化干扰。另外，由于磁场是交变的，因此输出信号也是交变信号。放大和转换低电平的交流信号要比直流信号容易得多。如果交流磁场的磁感应强度为

$$B = B_{\mathrm{m}} \sin\omega t$$

（6－37）

则电极上产生的感生电动势为

$$E = B_{\mathrm{m}} D v \sin\omega t$$

（6－38）

被测体积流量为

$$Q_{\mathrm{v}} = \frac{\pi D}{4 B_{\mathrm{m}} \sin\omega t}$$

（6－39）

式中，B_{m} 为磁场磁感应强度的最大值；ω 为励磁电流的角频率，$\omega = 2\pi f$，t 为时间；f 为电源频率。

由式（6－39）可知，当测量管内径 D 不变，磁感应强度 B_{m} 为一定值时，两电极上输出的感生电动势 E 与流量 Q_{v} 成正比。这就是交流磁场电磁流量变送器的基本工作原理。

值得注意的是，用交流磁场会带来一系列的电磁干扰问题，例如正交干扰、同相干扰等。这些干扰信号与有用的流量信号混杂在一起。因此，如何正确区分流量信号与干扰信号，并如何有效地抑制和排除各种干扰信号，就

成为交流励磁电磁流量计研制的重要课题。

c. 低频方波励磁。直流励磁方式和交流励磁方式各有优缺点，为了充分发挥它们的优点，尽量避免它们的缺点，20世纪70年代以来，人们开始采用低频方波励磁方式。

在半个周期内，磁场是恒稳的直流磁场，它具有直流励磁的特点，受电磁干扰影响很小。从整个时间过程看，方波信号又是一个交变的信号，所以它能克服直流励磁易产生的极化现象。因此，低频方波励磁是一种比较好的励磁方式，目前已在电磁流量计上广泛的应用。概括来说，它具有如下几个优点：

第一，能避免交流磁场的正交电磁F扰。

第二，能消除由分布电容引起的工频干扰。

第三，能抑制交流磁场在管壁和流体内部引起的电涡流。

第四，能排除直流励磁的极化现象。

③电极。电极嵌在管壁上，其作用是正确引出感应电势信号。电极一般用不锈钢非导磁材料制成，测量腐蚀性流体时，多用铂铱合金、耐酸钨基合金或镍基合金等。电极应在管道水平方向安装，以防止沉淀物堆积在电极上而影响测量精度，电极端头要求与衬里齐平。

（2）电磁流量计的转换器

电磁流量计是由流体流动切割磁力线产生感应电势的，但此感应电势很微小，励磁电源的频率又为50Hz，因此，各种干扰因素的影响很强。转换器的功能是将感应电势放大并能抑制主要的干扰信号。传感器采用交变磁场克服了极化现象，但增加了电磁正交干扰信号。正交干扰信号的相位和被测感应电势相差90°。造成正交干扰的主要原因是：在电磁流量计工作时，管道内充满导电液体，这样，电极引线、被测导管、被测液体和转换器的输入阻抗构成闭合回路，而交变磁通有部分要穿过该闭合回路，根据电磁感应定律，交变磁场在闭合回路中产生的感应电势为

$$e_t = -K \frac{dB_m \sin\omega t}{dt} = -KB_m \sin\left(\omega t - \frac{\pi}{2}\right)$$

$$(6-40)$$

比较式（6-38）和式（6-40）可知，有用信号感应电势 E 和正交干扰信号 e_t 的频率相同，而相位相差90°，所以称为正交干扰。此干扰信号较大，

有时可以将有用信号埋没。因此，必须消除这一干扰信号，否则该流量计不能正常工作。

消除正交干扰的方法常用信号引线自动补偿和转换器的放大电路反馈补偿两种方式。

3. 电磁流量计的特点

电磁流量计具有众多的优点。由于电磁流量计的测量导管内无可动部件或突出于管道内部的部件，因而压力损失极小；也不会引起诸如磨损、堵塞等问题，特别适用于测量带有固体颗粒的矿浆、污水等液固两相流体，以及各种黏性较大的浆液等。流量计的输出电流与体积流量呈线性关系，且不受液体温度、压力、密度、黏度以及电导率（在一定范围内）等参数的影响，因此，电磁流量计只需经水标定以后，就可以用来测量其他导电性液体的流量，而不需要附加其他修正；同时，电磁流量计只与被测介质的平均流速成正比，而与轴对称分布下的流动状态（层流或紊流）无关。电磁流量计反应迅速，可以测量脉动电流，其量程比一般为 10∶1，精度较高的量程比可达 100∶1。电磁流量计的测量口径范围很大，可以在 1mm 以上，测量精度高于 0.5 级。电磁流量计可以测量各种腐蚀性介质：酸、碱、盐溶液以及带有悬浮颗粒的浆液。电磁流量计无机械惯性，反应灵敏，可以测量瞬时脉动流量，而且线性较好，可以直接进行等分刻度。

除前述优点外，电磁流量计也有一些不足之处，致使在应用上受到一些限制。比如，电磁流量计只能测量导电液体，因此对于气体、蒸汽以及含大量气泡的液体不能测量，也不能测量电导率很低的液体，通常要求被测介质电导率不能低于 10^{-5} S/cm，相当于蒸馏水的电导率，故对石油制品或者有机溶剂等还无能为力。由于测量管内衬材料一般不宜在高温下工作，所以目前一般的电磁流量计还不能用于测量高温介质。此外，电磁流量计易受外界电磁干扰的影响。

三、质量流量检测

质量流量的检测方法主要有直接式、推导式和补偿式三类。本节中介绍直接式和推导式的质量流量测量方法。

（一）科里奥利式质量流量检测

由力学理论可以知道，质点在旋转参照系中做直线运动时，质点要同时受到旋转角速度和直线速度的作用，即受到科里奥利力（Coriolis，简称科氏力）的作用。科氏力质量流量计（CMF）就是利用流体在振动管中流动时，产生与质量流量成正比的科氏力而制成的一种直接式质量流量计。这种流量计可以测量双向流，并且没有轴承、齿轮等转动部件，测量管道中也无插入部件，因而降低了维修费用，也不必安装过滤器等。其测量准确度为±0.15%，适用于高精度的质量流量测量。

科氏力流量计由传感器和转换器两部分组成，传感器将流体的流动转换为机械振动，转换器将振动转换为与质量流量有关的电信号，以实现流量测量。

传感器所用的测量管道（振动管）有 U 形、环形（双环、多环）、直管形（单直、双直）及螺旋形等几种形状，但基本原理相同。下面介绍 U 形管式的科氏力质量流量计。

流量计的测量管道是两根平行的 U 形管（也可以是一根），其端部连通并与被测管路相连，这样流体可以同时在两个 U 形管内流动。驱动 U 形管产生垂直于管道角运动的驱动器是由激振线圈和永久磁铁组成，驱动器在外加交变电压作用下产生交变力，使两根 U 形管彼此一开一合地振动，相当于两根软管按相反方向不断摆动。位于 U 形管的两个直管管端的两个检测器用于监控驱动器的振动情况和检测管端的位移情况；根据出口侧振动相位超前于进口侧的规律，两个检测器输出的交变信号之间存在相位差（或振动时间差 Δt），此相位差的大小与质量流量成正比。检测出这个相位差，经过转换器（二次仪表）变换，就可给出流经传感器的质量流量。

科氏力质量流量计的测量精度较高，主要用于黏度和密度相对较大的单相和混相流体的流量测量。由于结构等原因，这种流量计适用于中小尺寸的管道的流量检测。

下面分析其测量原理。

当 U 形管内充满流体而流速为零时，在驱动器对 U 形管进行激振时，U 形管要绕轴按其本身的性质和流体的质量所决定的固有频率进行简单的振动。当流体的流速为 u 时，则流体在直线运动速度 u 和旋转运动角速度 ω 的作用下，对管壁产生一个反作用力，即科里奥利力。

$$F = 2m\omega \times u$$

$$(6-41)$$

式中，F、u、ω 都是向量；m 为流体的质量。

由于入口侧和出口侧的流向相反，越靠近 U 形管，管端的振动越大，流体在垂直方向的速度也越大，这意味着流体的垂直方向具有加速度 a，通过管端至出口这部分，垂直方向的速度慢慢减小，是具有负的加速度。相当于牛顿第二定律 $F=ma$ 的力 F 与加速度方向相反，因此，当 U 形管向上振动时，流体作用于入口侧管端的是向下的力 F_1，作用于出口侧管端的是向上的力 F_2，并且大小相等。向下振动时，情况相似。

由于在 U 形管的两侧受到两个大小相等、方向相反的作用力，则使 U 形管产生扭曲运动，其扭力矩为

$$M=F_1 r_1+F_2 r_2$$

$$(6-42)$$

因 $F_1=F_2=F$，$r_1=r_2=r$ 则

$$M=2F_r=4mur\omega$$

$$(6-43)$$

又因质量流量 $q_m=m/t$，流速 $u=L/t$，t 为时间，则上式可写成

$$M=2F_r=4\omega rLq_m$$

$$(6-44)$$

由此可以明显看出，q_m 取决于 m、u 的乘积。

设 U 形管的弹性模量 K_s，为扭转角为 θ，由 U 形管的刚性作用所形成的反作用力矩为

$$T=K_s\theta$$

$$(6-45)$$

因 T＝M，则由式（8-44）和式（8-45）可得出如下公式

$$q_m=\frac{K_s}{4\omega rL}\theta$$

$$(6-46)$$

在扭曲运动中，U 形管管端处于不同位置时，其管端轴线与 $z-z$ 水平线间的夹角是在不断变化的，只有在其管端轴线越过振动中心位置时 θ 角最大。在稳定流动时，这个最大 θ 角是恒定的。前面提到，当流体的流速为零时，即流体不流动时，U 形管只作简单的上、下振动，此时管端的扭曲角 θ 为零，入口管端和出口管端同时越过中心位置。随着流量的增大，扭转角 θ 也增大，而且入口管端先于出口管端越过中心位置的时间差也增大。

假定管端在中心位置时的振动速度为，存在如下关系

$$\sin\theta = \frac{u_t}{2r}\Delta t$$

(6—47)

式中，Δt 表示横穿 $z-z$ 水平线的时间差。由于 θ 很小，则 $\sin\theta \approx \theta$，且 $u_t = \omega L$，则可得出

$$\theta = \frac{\omega L}{2r}\Delta t$$

(6—48)

并由式（6—46）、式（6—48）可得如下关系

$$q_m = \frac{K_s}{4\omega r L}\frac{\omega L \Delta t}{2r} = \frac{K_s}{8r^2}\Delta t$$

(6—49)

式中，K_s 和 r 是由 U 形管所用材料和几何尺寸所确定的常数。

因而科氏力质量流量计中的质量流量 q_m 与时间差 Δt 成比例。而这个时间差可以通过安装在 U 形管端部的两个位移检测器所输出的电压的相位差测量出来。

在二次仪表中将相位差信号进行整形放大之后，以时间积分得出与质量流量成比例的信号，给出质量流量。

（二）热式质量流量检测

由于气体吸收热量或放出热量均与该气体的质量成正比，因此可由加热气体所需能量或由此能量使气体温度升高之间的关系来直接测量气体的质量流量。在被测流体中放入一个加热电阻丝，在其上、下游各放一个测温元件，通过测量加热电阻丝中的加热电流及上、下游的温差来测量质量流量。在上述具体条件下，被测气体吸收的热量与温升的关系为

$$\Delta q = m C_P \Delta T$$

(6—50)

式中，ΔT 为被测气体的温升；Δq 为被测气体吸收的热量；m 为被测气体的质量；C_P 被测气体的定压比热容。

式（6—50）说明，在定压条件下加热时单位时间内气体的吸收热量为

$$\Delta q = \frac{m}{\Delta \tau} C_P \Delta T$$

(6—51)

式中，$\Delta\tau$ 为被测气体流过加热电阻丝温度升高 ΔT 所经历的时间。

从该式可以看出，若令 $m/\Delta\tau = M$，则 M 即为被测流体的质量流量。如果加热电阻丝只向被测气体加热，管道本身与外界很好地绝热，气体被加热时也不对外做功，则电阻丝放出的热量全部用来使被测气体温度升高，所以加热的功率 P 为

$$P = MC_{\mathrm{P}}\Delta T$$

（6—52）

根据式（6—52）可以看出，当加热功率一定时，通过测量被测气体的温升或在温升一定时测量向被测气体加热所消耗的功率，都可以测出被测气体的质量流量。改写式（6—52）得

$$M = \frac{P}{C_{\mathrm{P}}\Delta T}$$

（6—53）

可以看出，C_{P} 当为常数时，质量流量与加热功率 P 成正比，与温升（上、下游温差）成反比。因为 C_{P} 与被测介质成分、温度和压力有关，所以仪表只能用在中、低压范围内，被测介质的温度也应与仪表标定时介质的温度差别不大。

当被测介质与仪表标定时所用介质的定压比热容 $C_{\mathrm{P}}P$ 不同时，可以通过换算对仪表刻度进行修正。根据式（6—53）可得

$$M' = M\frac{C_{\mathrm{P}}}{C'_{\mathrm{P}}}$$

（6—54）

式中，M 为仪表的刻度值；M' 为实际被测流体的质量流量；C_{P} 为仪表标定时所用介质的定压比热容；C'_{p} 为实际被测流体的定压比热容。

修正精度与给出的实际气体的定压比热容数值的精度、仪表标定时所用介质定压比热容数值的精度有关。

第二节　物位检测

一、物位及其检测仪表分类

（一）物位的定义

"物位"一词统指设备和容器中液体或固体物料的表面位置。对应不同性

质的物料又有以下的定义。

①液位：指设备和容器中液体介质表面的高低。

②料位：指设备和容器中所储存的块状、颗粒或粉末状固体物料的堆积高度。

③界位：指相界面位置。容器中两种互不相溶的液体，因其重度不同而形成分界面，为液—液相界面；容器中互不相溶的液体和固体之间的分界面，为液—固相界面。液—液、液—固相界面的位置简称界位。

物位是液位、料位、界位的总称。对物位进行测量、指示和控制的仪表，称为物位检测仪表。

（二）物位检测仪表的分类

由于被测对象种类繁多，检测的条件和环境也有很大差别，所以物位检测的方法多种多样，以满足不同生产过程的测量要求。

物位检测仪表按测量方式可分为连续测量和定点测量两大类。连续测量方式能持续测量物位的变化。定点测量方式则只检测物位是否达到上限、下限或某个特定位置，定点测量仪表一般称为物位开关。

按工作原理分类，物位检测仪表有直读式、静压式、浮力式、机械接触式、电气式等。

1. 直读式

利用连通器的原理工作，采用容器侧壁开窗口或加装旁通管方式，直接显示容器中物位的高度。方法可靠、准确，但是只能在现场就地读取。主要用于压力较低场合下的液位检测。

2. 静压式

基于流体静力学原理，适用于液位检测。容器内的液面高度与液柱重量所形成的静压力成比例关系，当被测介质密度不变时，通过测量参考点的压力可测知液位。这类仪表有压力式、吹气式和差压式等形式。

3. 浮力式

其工作原理基于阿基米德定律，利用漂浮于液面上的浮子高度随液位变化而改变或对浸没于液体中的浮子的浮力随液面高度变化的原理工作。它可分为两种：一种是维持浮力不变的恒浮力式液面计，如浮标式、浮球式；另一种是变浮力液位计，如浮筒式液位计。

4. 机械接触式

通过测量物位探头与物料面接触时的机械力实现物位的测量。这类仪表有重锤式、旋翼式和音叉式等。

5. 电气式

将电气式物位敏感元件置于被测介质中，当物位变化时其电气参数如电阻、电容等也将改变，通过检测这些电量的变化可知物位。

6. 回波测距（TOF）式

利用能量波从发射探头发射到被测物料表面，再从这一表面反射回到接收探头的波的传播时间（TimeofFHght）测出物位的方法。相应的物位计有超声物位计、微波物位计（俗称雷达物位计）及激光物位计。

7. 射线式

放射线同位素所发出的射线（如 γ 射线）穿过被测介质时因被介质吸收衰减，其透射强度随物质层厚度的变化而变化，通过检测放射线透射强度的变化达到测量物位的目的。这种方法可以实现物位的非接触式测量，适用于高压、高温和有毒的在密封容器中的液位或料位测量，且不受周围电磁场、烟气和灰尘等影响。

除上述物位检测方法外，还有其他的一些物位检测方法，在此不一一赘述。

二、液位检测

（一）静压式液位检测

设容器上部空间的气体压力为 p_A，选定的零液位处压力为 p_B，则自零液位至液面的液柱高 H 所产生的静压差 Δp 可以表示为

$$\Delta p = p_B - p_A = H\rho g$$

$$(6-55)$$

式中，ρ 为被测介质密度；g 为重力加速度。由上式有

$$H = \frac{\Delta p}{\rho g}$$

$$(6-56)$$

由于液体密度一定，所以 Δp 液位 H 成正比例关系，测得差压 Δp 就可以得知液位 H 的大小。

1. 压力式液位计

对于开口容器，p_A 为大气压力，这种情况下测量液位高度的三种静压式液位计有以下几种。

①压力表式液位计，它利用引压管将压力变化值引入高灵敏度压力表中进行测量。压力表的高度与容器底等高，压力表中的读数直接反映液位的高度。如果压力表的高度与容器底不等高，当容器中液位为零时，表中读数不为零，为容器底部与压力表之间的液体的压力差值，该差值称为零点迁移。压力表式液位计使用范围较广，但要求介质洁净，黏度不能太高，以免阻塞引压管。

②法兰式液位计。压力变送器通过装在容器底部的法兰，作为敏感元件的金属膜盒经导压管与变送器的测量室相连，导压管内封入沸点高、膨胀系数小的硅油，使被测介质与测量系统隔离。法兰式液位计将液位信号转换为电信号或气动信号，用于液面显示或控制调节。由于采用了法兰式连接，而且介质不必流经导压管，因此可检测有腐蚀性、易结晶、黏度大或有色等介质。

③吹气式液位计。将一根吹气管插入至被测液体的最低面（零液位），使吹气管通入一定量的气体，吹气管中的压力与管口处液柱静压力相等。用压力计测量吹气管上端压力，就可以测量液位。由于吹气式液位计将压力检测电移至顶部，其使用维修都很方便，很适合于地下储罐、深井等场合。

2. 差压式液位计

在封闭容器中，容器下部的液体压力除了与液位高度有关外，还与液面上部的介质压力有关。在这种情况下，可以采用测量差压的方法来测量液位。这种测量方法在测量过程中需消除液面上部气压及气压波动对示值的影响。差压式液位计采用差压式变送器，将容器底部反映液位高度的压力引入变送器的正压室，容器上部的气体压力引入变送器的负压室。引压方式可根据液体性质选择。为了防止由于内外温差使气压引压管中的气体凝结成液体，一般在低压管中充满隔离液体。

设被测液体密度为 ρ_1，隔离液体的密度为 ρ_2，一般使 $\rho_1 > \rho_2$，则正、负压室的压力平衡公式分别为

$$p_1 = \rho_1 g \ (H + h_1) + p$$
$$p_2 = \rho_2 g h_2 + p$$

$$(6-57)$$

压力平衡公式为

$$\Delta p = p_1 - p_2 = \rho_1 g \ (H + h_1) - \rho_2 g h_2 = \rho_1 g H + \rho_1 g h_1 - \rho_2 g h_2$$

$$(6-58)$$

式中，p_1、p_2 为引入变送器正、负压室的压力；H 为液面高度；h_1、h_2 为容器底面或工作液面距变送器的高度。

（二）浮力式液位检测

浮力式液位计是通过漂浮于液面上的浮子或浸没在液体中的浮筒，在液位发生变化时其浮力发生相应的变化。

1. 浮子式液位计

浮子式液位计是一种恒浮力式液位计。作为检测元件的浮子漂浮在液面上，浮子随着液面的变化而上下移动，所受到的浮力大小保持一定，检测浮子所在的位置可知液面的高低。浮子形状常见的有圆盘形、圆柱形和球形等。

浮子通过滑轮和绳带与平衡重锤连接，绳带的拉力与浮子的重量及浮力平衡，从而保证浮子处于平衡状态而漂在液面上。设圆柱形浮子的外直径为 D，浮子浸入液体的高度为 h，液体密度为 ρ，则浮子所受到的浮力为

$$F = \frac{\pi D^2}{4} h \rho g$$

$$(6-59)$$

2. 浮筒式液位计

浮筒式液位计属于变浮力液位计。其典型敏感元件为浮筒，当被测液面位置发生变化时，浮筒被浸没的体积发生变化，因而所受的浮力也发生了变化。通过测量浮力变化确定液位变化量的大小。将一截面积为 A，质量为 m 的圆筒形空心金属浮筒悬挂在弹簧上，由于弹簧的下端被固定，弹簧因浮筒的重力被压缩。当浮筒的重力与弹簧力达到平衡时，则有

$$W - F = K x_0$$

即

$$mg - A H \rho g = K x_0$$

$$(6-60)$$

式中，K 为弹簧的刚度系数；x_0 为弹簧由于浮筒重力被压缩所产生的位移。

这里以液面刚刚接触浮筒处为液面零点。当浮筒的一部分被液体浸没时，浮筒受到液体对它的浮力作用向上移动。当浮力与弹簧力和浮筒的重力平衡时，浮筒停止移动。若液面升高了 ΔH，浮力增加，浮筒由于向上移动，浮筒上下移动的距离即弹簧的位移改变量为 Δx，浮筒实际浸在液体里的高度为 $H + \Delta H - \Delta x$，则力平衡方程为

$$mg - A(H + \Delta H - \Delta x)\rho g = K(x_0 - \Delta x)$$

$$(6-61)$$

则

$$\Delta H = \left(1 + \frac{K}{A\rho g}\right)\Delta x$$

$$(6-62)$$

从上式可以看出，当液位发生变化时，浮筒产生的位移量与液位高度成正比。检测弹簧变形有很多转换方法，常用的有差动变压器式、扭力矩力平衡式等。在浮筒的连杆上安装一铁心，并随浮筒一起上下移动，通过差动变压器使输出电压与位移成正比关系。也可将浮筒所收到的浮力通过扭力管达到力矩平衡，把浮筒的位移量变成扭力矩的角位移，进一步用其他转换元件转换为电信号，构成一个完整的液位计。

（三）超声波式液位检测

超声波式液位计按照传声介质不同，可分为固介式、气介式和液介式三种，按探头的工作方式可分为自发、自收单探头方式和收发分开的双探头方式。相互组合可以得到六种超声波液位计。在实际测量中，有时液面会有气泡、悬浮物、波浪或沸腾，引起反射混乱，产生测量误差，因此在复杂情况下宜采用固介式液位计。

设超声波探头到液面的距离为 H，波的传播速度为 c，从发射超声波至接收到反射波的时间间隔为则

$$H = \frac{1}{2}c\Delta t$$

$$(6-63)$$

要想通过测量超声波传播时间来确定液位，声速 c 必须恒定。实际上声速随介质及其温度变化而变化，为了准确地测量液位，对于一定的介质，必须对声速进行校正。对于液介式的声速校正的方法有校正具校正声速法、固定标记校正声速法和温度校正声速法。对于气介式的声速校正一般采用温度校正法，即采用温度传感器测量出仓或罐的温度，根据声速与温度之间的关系空七计算出当时的声速，再根据式（6-63），求出液位 H。

空气中声速 c 与温度 T 之间的关系为

$$c = 331.3 + 0.6T$$

$$(6-64)$$

超声波液位计测量液位时与介质不接触，无可动部件，传播速度比较稳定，对光线、质黏度、湿度、介电常数、电导率、热导率不敏感，因此可以测量有毒、腐蚀性或高黏度等特殊场合的液位。超声波液位计既可以连续测量和定点测量液位，也可以方便地提供遥测或遥控信号，还能够测量高速运动或有倾斜晃动的液体液位，如置于汽车、飞机、轮船中的液位。但结构复

杂，价格昂贵，测量时对温度比较敏感，温度的变化会引起声速的变化，因此为了保证超声波物位计的测量精度，应进行温度补偿。

三、料位检测

许多液位检测方法均可类似地用来测量料位或相界面，但是由于固体物料的状态特性与液体有些差别，因此料位检测既有其特有的方法，也有与液位检测类似的方法，但这些方法在具体实现时又略有差别。在实际应用中，料位检测包括重锤探测法、称重法、电学法、声学法等。

（一）重锤探测法

重锤连在与电动机相连的鼓轮上，电动机发讯使重锤在执行机构控制下动作，从预先定好的原点处靠自重开始下降，通过计数或逻辑控制记录重锤下降的位置；当重锤碰到物料时，产生失重信号，控制执行机构停转一反转，使电动机带动重锤迅速返回原点位置。

重锤探测法是一种比较粗略的检测方法，但在某些精度要求不高的场合仍是一种简单可行的测量方法，它既可以连续测量，也可进行定点控制，通常都是用于定期测定料位。

（二）称重法

一定容积的容器内，物料重量与料位高度应当是成比例的，因此可用称重传感器或测力传感器测算出料位高低。

称重法实际上也属于比较粗略的测量方法，因为物料在自然堆积时有时会出现孔隙、裂口或滞留现象，因此一般也只适用于精度要求不高的场合。

（三）电学法

电阻式和电容式物位计同样适用于料位检测，但传感器的安装方法与液位测量有些差别。

1. 电阻式物位计

电阻式物位计在料位检测中一般用作料位的定点控制，因此也称作电极接触式物位计。两支或多支用于不同位置控制的电极置于储料容器中作为测量电极，金属容器壁作为另一电极。测量时物料上升或下降至某一位置时，即与相应位置上的电极接通或断开，使该路信号发生器发出报警或控制信号。

接触电极式料位计在测量时要求物料是导电介质或本身虽不导电但含有一定水分能微弱导电；另外它不宜于测量粘附性的浆液或流体，否则会因物料的黏附而产生误信号。

2. 电容式料位计

电容式料位计测量应用非常广泛，不仅能测不同性质的液体，而且还能测量不同性质的物料，如块状、颗粒状、粉状、导电性、非导电性物料等。

但是由于固体摩擦力大，容易"滞留"，产生虚假料位，因此一般不使用双层电极，而是只用一根电极棒。

电容式料位计在测量时，物料的温度、湿度、密度变化或掺有杂质时，会引起介电常数的变化，产生测量误差。为了消除这一介质因素引起的测量误差，一般将一根辅助电极始终埋入被测物料中。辅助电极与测量电极（也称主电极）可以同轴，也可以不同轴。设辅助电极长 L_0，它相对于料位为零时的电容变化量 C_{L_0} 为

$$C_{L_0} = \frac{2\pi(\varepsilon - \varepsilon_0)}{1n(D/d)}L_0$$

$$(6-65)$$

主电极的电容变化量 C_x 为

$$\frac{C_x}{C_{L_0}} = \frac{H}{L_0}$$

$$(6-66)$$

由于是常数，因此料位变化仅与两个电容变化量之比有关，而介质因素波动所引起的电容变化对主电极与辅助电极是相同的，相比时被抵消掉，从而起到误差补偿作用。

（四）声学法

利用超声波在两种密度相差较大的介质间传播时会在界面发生全反射的特性进行液位测量，这种方法也可用于料位测量。除此以外，还可用声振动法进行料位定点控制。音叉式料位信号是由音叉、压电元件及电子线路等组成。音叉由压电元件激振，以一定频率振动，当料位上升至触及音叉时，音叉振幅及频率急剧衰减甚至停振，电子线路检测到信号变化后向报警器及控

制器发出信号。

这种料位控制器灵敏度高，从密度很小的微小粉体到颗粒体一般都能测量，但不适于测量高黏度和有长纤维的物质。

（五）光学法

光学法是一种比较古老的料位控制方法。一般只用来进行定点控制，工作方式采用遮断式。在储料容器一侧安装激光发射器，另一侧安装接收器，当料位未达到控制位置时接收器能够正常接收到光信号，而当料位上升至控制位置时，光路被遮断，接收器接收的信号迅速减小，电子线路检测到信号变化后转化成报警信号或控制信号。

与普通光相比，激光仍具有光的反射、透射、折射、干涉等特性，但它能量集中，发光强度大，因此物位控制范围大，目前已达 20m。同时激光单色性强，不易受外界光线干扰，能用于强烈阳光及火焰照射条件下，甚至在 1500T 的熔融物表面（如熔融玻璃）上亦能正常工作。激光光束散射小，方向性好，定点控制精度高。光学法测量料位最怕在粉料不断升降过程中对透光孔和接收器光敏元件的黏附和堵塞，因此光学法不宜用于黏性大的物料，对此必需认真对待。

四、相界面的检测

相界面的检测包括液—液相界面、液—固相界面的检测。液—液相界面检测与液位检测相似，因此各种液位检测方法及仪表（如压力式液位计、浮力式液位计、反射式激光液位计等）都可用来进行液—液相界面的检测。而液—固相界面的检测与料位检测相似，因此重锤探测式、吊锥式、称重式、遮断式激光料位计或料位信号器也同样可用于液—固相界面的检测控制。此外，电阻式计、电容式计、超声波物位计等均可用来检测液—液相界面和液—固相界面。各种检测方法的原理基本不变，前面各节已做了介绍，具体的实现方法上有些区别，需根据具体测量情况进行分析、选择或设计，这里不再赘述。

进行相界面的检测必须了解被测介质的物理性质，才能正确选择合适的测量方法。例如，若选用电阻式料位计检测，应当明确对被测介质的要求，即位于容器下部密度较大的一相导电，而浮于上面密度较小的一相不导电。

第七章

新型传感器及其应用

第一节　半导体式化学传感器

一、半导体气敏传感器

气敏传感器也称为气体传感器，它是一种将检测到的气体成分和浓度转换为电信号的传感器。根据这些电信号的强弱就可以获得与待测气体在环境中存在情况有关的信息，从而可以进行检测、监控、报警，还可以通过接口电路与计算机或单片机组成自动检测、控制和报警系统。

由于气敏传感器是暴露在检测现场使用，工作条件比较恶劣，温度、湿度的变化很大，又存在大量粉尘和油雾等，气体对传感元件的材料会产生化学反应物，附着在元件表面，往往会使其性能变差，因此要求气敏传感器的性能必须满足下列条件。

①能够检测易爆炸气体的允许浓度、有害气体的允许浓度和其他基准设定浓度，并能及时给出报警、显示和控制信号。

②对被测气体以外的共存气体或物质不敏感。

③稳定性好、重复性好、动态特性好、响应迅速。

④使用、维护方便，价格便宜等。

由于半导体气敏传感器具有灵敏度高、响应快、使用寿命长和成本低等优点，应用很广。

（一）半导体气敏传感器的分类

半导体气敏传感器是利用半导体气敏元件同气体接触，造成半导体性质发生变化的原理来检测特定气体的成分或者浓度。

按照半导体变化的物理特征，可分为电阻型和非电阻型两类。前者是利用敏感元件吸附气体后电阻值随着被测气体的浓度改变来检测气体的浓度或成分；后者是利用二极管伏安特性和场效应晶体管的阈值电压变化来检测被测气体。

按照半导体与气体相互作用时产生的变化只限于半导体表面或深入到半导体内部，又可分为表面电阻控制型和体电阻控制型。前者当半导体表面吸附气体后，通过增多或减小半导体的载流子来引起半导体电导率变化，但内部化学组成不变；后者当半导体与气体发生反应后，使半导体晶格发生变化而引起电导率改变。半导体气敏传感器分类如表 7－1 所示。

表 7－1 半导体气敏传感器分类

类型	主要物理特性	代表性待测气体	传感器举例
电阻型	表面控制型	可燃性气体	氧化锡、氧化锌
	体电阻控制型	乙醇、可燃性气体、氧气	氧化镁、氧化钛、氧化钴
非电阻型	二极管整流特性	氢气、一氧化碳	钳－硫化镉、钮－二氧化钛
	场效应晶体管特性	氢气、硫化氢	铝栅 MOS 场效应晶体管

（二）电阻型半导体气敏传感器

电阻型半导体气敏传感器大多使用金属氧化物半导体材料作为气敏元件。它分 N 型半导体材料如 SnO_2、Fe_2O_3、ZnO 等；P 型半导体材料如 CoO、P_bO_2、CuO、NiO 等。

1. 材料和结构

许多金属氧化物都具有气敏效应，这些金属氧化物是利用陶瓷工艺制成的具有半导体特性的材料，因此称之为半导体陶瓷，简称为半导瓷。由于半导瓷与半导体单晶相比具有工艺简单、价格低廉等优点，因此已经用它制作了多种具有实用价值的敏感元件。在诸多的半导体气敏元件中，用氧化锡（SnO_2）制成的元件具有结构简单、成本低、可靠性高、稳定性好、信号处理容易等一系列优点，应用最为广泛。

半导体气敏传感器一般由敏感元件、加热器和外壳三部分组成。按其结构可分为烧结型、薄膜型和厚膜型。

烧结型气敏元件，它以多孔质陶瓷如 SnO_2 为基材，添加不同物质采用低温（700～900℃）制陶方法进行烧结，烧结时埋入铂电极和加热丝，最后将电极和加热丝引线焊在管座上制成元件。由于制作简单，它是一种最普通的结构形式，主要用于检测还原性气体、可燃性气体和液体蒸汽，但由于烧结不充分，器件的机械强度较差，且所用电极材料较贵重，电特性误差较大，所以应用受到一定的限制。

薄膜型气敏元件，是用蒸发或溅射方法，在石英或陶瓷基片上形成金属氧化物薄膜（厚度在 100nm 以下），用这种方法制成的敏感膜颗粒很小，因此具有很高的灵敏度和响应速度。敏感体的薄膜化有利于器件的低功耗、小型化以及与集成电路制造技术兼容，所以是一种很有前途的器件。

厚膜型气敏元件，将气敏材料（SnO_2、ZnO）与一定比例的硅凝胶混制成能印刷的厚膜胶，把厚膜胶用丝网印刷到事先安装有铂电极的氧化铝的基片上，在 400～800℃ 的温度下烧结 1～2h 便制成厚膜型气敏元件。用厚膜工艺制成的器件一致性较好，机械强度高，适于批量生产。

这些气敏元件全部附有加热器，它的作用是使附着在探测部分处的油雾、尘埃等烧掉，同时加速气体氧化还原反应，从而提高元件的灵敏度和响应速度，一般加热到 200～400℃。

由于加热方式一般有直热式和旁热式两种，因而分直热式和旁热式气敏元件。

直热式气敏元件是将加热丝直接埋在 SnO_2 或 ZnO 等金属氧化物半导体材料内，同时兼作一个测量极，这类器件制造工艺简单、成本低、功耗小，可以在高压回路下使用，但其热容量小，易受环境气流的影响，测量电路与加热电路之间相互干扰，影响其测量参数，加热丝在加热与不加热两种情况下产生的膨胀与冷缩，容易造成器件接触不良。

旁热式气敏元件是把高阻加热丝放置在陶瓷绝缘管内，在管外涂上梳状金电极，再在金电极外涂上 SnO_2 等气敏半导体材料，就构成了元件。旁热式气敏元件克服了直热式结构的缺点，使测量极和加热极分离，而且加热丝不与气敏材料接触，避免了测量回路和加热回路的相互影响，元件的稳定性得到提高。

2．工作原理

电阻型气敏传感器是利用气体在半导体表面的氧化和还原反应，导致敏感元件阻值变化。它的气敏元件的敏感部分是金属氧化物微结晶粒子烧结体，当它的表面吸附有被测气体时，半导体微结晶粒子接触界面的导电电子比例就会发生变化，从而使气敏元件的电阻值随被测气体的浓度改变而变化。这种反应是可逆的，因而可以重复地使用。电阻值的变化是随金属氧化物半导体表面对气体的吸附和释放而产生的，为了加速这种反应，通常要用加热器对气敏元件加热。

下面以半导瓷材料 SnO_2 为例，说明表面电阻控制型气敏传感器的工作原理。

半导瓷材料 SnO_2 属于 N 型半导体，当半导体气敏传感器在洁净的空气中开始通电加热时，其阻值急剧下降，阻值发生变化的时间（称响应时间）不到 1min，然后上升，经 $2\sim4$min 后达到稳定，这段时间为初始稳定时间，元件只有在达到初始稳定状态后才可用于气体检测。当电阻值处于稳定值后，会随被测气体的吸附情况而发生变化，其电阻的变化规律视气体的性质而定，如果被测气体是氧化性气体（如 O_2 和 CO_2），被吸附气体分子从气敏元件得到电子，使 N 型半导体中载流子电子减少，因而电阻值增大。如果被测气体为还原性气体（如 H_2、CO、酒精等），气体分子向气敏元件释放电子，使元件中载流子电子增多，因而电阻值下降。

空气中的氧成分大体上是恒定的，因而氧的吸附量也是恒定的，气敏元件的阻值大致保持不变。如果被测气体与敏感元件接触后，元件表面将产生吸附作用，元件的阻值将随气体浓度而变化，从浓度与电阻值的变化关系即可得知气体的浓度。

（三）气敏传感器的应用

气敏传感器广泛应用于防灾报警，如可制成液化石油气、天然气、城市煤气、煤矿瓦斯及有毒气体等方面的报警器，也可用于对大气污染进行监测以及在医疗上用于对 O_2、CO 等气体的测量，生活中则可用于空调机、烹调装置和酒精浓度探测等方面。

1. 可燃气体泄漏报警器

可燃气体泄漏报警器的电路图如图 7—1 所示。它采用载体催化型气敏元件作为检测探头，报警灵敏度可从 0.2％起连续可调，当空气中可燃气体的浓度达 0.2％时，报警器可发出声光报警。因此它特别适用于液化石油气、煤矿瓦斯气、天然气、焦炉煤气、重油裂解气、氢气和一氧化碳等各种可燃气体的测漏及报警。

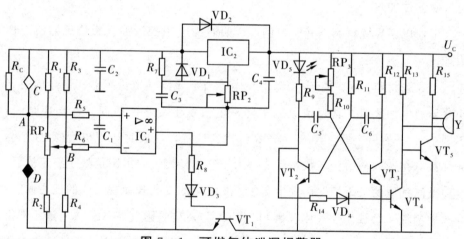

图 7—1　可燃气体泄漏报警器

电路中，D 为检测元件，因外观呈黑褐色，又称为黑元件，C 为补偿元件，因外观呈白色，又称为白元件。R_C 补偿电阻。黑、白元件工作时装在防爆气室中，通过隔爆罩与大气接触。而 C、D、R_C、R_3、R_4 组成检测桥路。运算放大器及外围元件组成电压比较器。

半导体三极管 VT_2、VT_3、VT_4、VT_5 与发光二极管 VT_5 及蜂鸣器 Y 等组成声光报警电路。VT_1、VT_3 及 R_8 组成控制开关电路。

当没有可燃性气体泄露时，4 点电位低于 B 点电位，电桥处于相对平衡状态，比较器 IC$_1$ 输出低电平，使 VT$_1$ 截止，此时发光二极管不发光，蜂鸣器 Y 无报警声。当有可燃性气体泄露时，在 D 元件表面发生化学反应，使 D 元件电阻增加，A 点电位上升至高于 B 电位时，比较器 IC$_1$ 输出高电平，VT$_1$ 导通，打开报警电路，在 VT$_2$ 和 VT$_3$ 组成的多谐振荡器的作用下，发光二极管 VT$_5$ 与蜂鸣器 Y 同步发出闪光和报警声。

2．防止酒后开车控制器

图 7－2 所示为防止酒后开车控制器原理图。图中 QM－J1 为气敏（酒敏）元件，5G1555 为集成定时器。若驾驶人没有喝酒，在驾驶室合上开关 S，此时气敏器件的阻值很高，U_a 为高电平，U_1 为低电平，U_3 为高电平，继电器 K$_2$ 线圈失电，其常闭触点 K$_{2-2}$ 闭合，发光二极管 VT$_1$ 通，发绿光，能点火起动发动机。

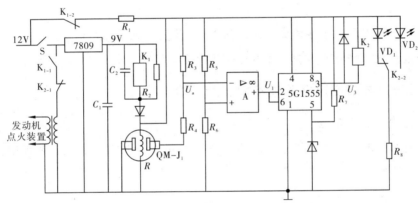

图 7－2　防止酒后开车控制器原理图

若驾驶员喝酒过量，则气敏元件的阻值急剧下降，使 U_a 为低电平，U_1 为高电平，U_3 为低电平，继电器 K$_2$ 线圈通电，常开触点 K$_{2-2}$ 闭合，发光二极管 VD$_2$ 导通，发红光，以示警告，同时常闭触点 K$_{2-1}$ 断开，无法起动发动机。

若驾驶人拔出气敏元件，继电器 K$_1$ 线圈失电，其常开触点 K$_{1-1}$ 断开，仍然无法起动发动机。常闭触点 K$_{1-2}$ 的作用是长期加热气敏器件，保证此控制器处于准备工作的状态。

二、半导体湿敏传感器

湿敏传感器是能感受外界湿度（通常将空气或其他气体中的水分含量称为湿度）变化，并将环境湿度变换为电信号的装置。它是由湿敏元件和转换电路两部分组成的。

与温度测量相比，对湿度进行精确地测量是很困难的，其原因在于空气中所含的水蒸气含量极少，比空气少得多，并且难于集中到湿敏元件表面，此外水蒸气会使一些感湿材料溶解、腐蚀、老化，从而丧失原有的感湿性能；再者湿度信息的传递必须靠水对感湿元件直接接触来完成，因此感湿元件只能暴露在待测环境中，易于损坏，而不能密封。20 世纪 50 年代后，陆续出现了电阻型等湿敏计，使湿度的测量精度大大提高，但是，与其他物理量的检测相比，无论是敏感元件的性能，还是制造工艺和测量精度都差得多和困难得多。

近几年出现的半导体湿敏元件和 MOS 型湿敏元件已达到较高水平，具有工作范围宽、响应速度快、环境适应能力强等特点。

（一）湿敏传感器的基本概念及分类

1. 湿度表示法

所谓湿度，就是空气中所含有水蒸气的量，表明大气的干、湿程度，常用绝对湿度和相对湿度表示。

2. 绝对湿度

绝对湿度是在一定的温度及压力下，每单位体积的混合气体中所含水蒸气的质量，一般用符号 AH 表示，其定义为

$$AH = \frac{m_v}{V}$$

$$(7-1)$$

式中，m_v 为待测空气中所含水蒸气质量；V 为待测空气的总体积。AH 的单位为 g/m^3 或 mg/m^3。

在实际生活中，有许多与湿度有关的现象，例如水分蒸发的快慢、人体

的自我感觉、植物的枯萎等，并不直接与空气的水汽压（空气中水汽的分压强）有关，而是与空气中的水汽压和同温度下的饱和水汽压之间的差值有关。如果这一差值过小，人们就感到空气过于潮湿；差值过大会使人们感到空气干燥。因此，有必要引入一个与空气的水汽压和在同温度下的水的饱和水汽压有关的物理量——相对湿度。

2. 相对湿度

相对湿度是指被测气体中的水汽压和该气体在相同温度下饱和水汽压的百分比。相对湿度给出大气的潮湿程度，因此，它是一个无量纲的值，一般用符号 RH 表示，其表达式为

$$RH = \frac{P_v}{P_w} \times 100\%$$

$$(7-2)$$

式中，RH 为相对湿度，单位为 %RH；P_v 为温度 7 时的水汽压；P_w 为待测空气在同温度 T 下的饱和水汽压。

3. 露点

在一定大气压下，将含有水蒸气的空气冷却，当温度下降到某一特定值时，空气中的水蒸气达到饱和状态，开始从气态变成液态而凝结成露珠，这种现象称为结露，这一特定温度称为露点温度，简称露点。在一定大气压下，湿度越大，露点越高。

通过对空气露点温度的测定就可以测得空气的水汽压，因为空气的水汽压也就是该空气在露点温度下水的饱和水汽压，所以只要知道待测空气的露点温度，就可知道在该露点温度下水的饱和水汽压，这个饱和水气压也就是待测空气的水汽压。综上所述，绝对湿度、相对湿度和露点温度，都是表示空气湿度的物理量。

2. 湿敏传感器的分类

湿敏传感器种类繁多，有多种分类方式。

①按元件输出的电学量分类可分为：电阻式、电容式、频率式等。

②按其探测功能可分为：相对湿度、绝对湿度、结露和多功能式。

③按感湿材料不同可分为：电解质式、陶瓷式、有机高分子式。

另外，根据与水分子亲和力是否有关，可以将湿敏传感器分为水亲和力型湿敏传感器和非水亲和力型湿敏传感器。水分子易于吸附在物体表面并渗透到固体内部的这种特性称为水分子亲和力，水分子附着或浸入湿敏功能材料后，不仅是物理吸附，而且还有化学吸附，其结果使功能材料的电性能产生变化，如 LiCl、ZnO 材料的阻抗发生变化。因此，这些材料就可以制成湿敏元件。另外，利用某些材料与水分子接触的物理效应也可以测量湿度。

因此，这两大类湿敏传感器可细分为表 7—2 所示的各种湿敏传感器。

表 7—2 湿敏传感器分类

湿敏传感器类型	按水分子亲和力分类
水分子亲和力型	尺寸变化式湿敏元件、电解质湿敏元件、高分子材料湿敏元件、金属氧化物膜湿敏元件、金属氧化物陶瓷湿敏元件、硒膜及水晶振于湿敏元件
非水分子亲和力型	热敏电阻式湿敏传感器、红外线吸收式湿敏传感器、微波式湿敏传感器、超声波式湿敏传感器
其他	CFT 湿敏元件等

现代工业中使用的湿敏传感器大多是水亲和力型湿敏传感器，它们将湿度的变化转化为阻抗或电容的变化后输出。但是，利用水分子亲和型湿敏元件的共同缺点是响应速度慢，而且可靠性较差，不能很好地满足使用的需要，这种现状迫使人们开始研究非水分子亲和力型湿敏元件。例如，利用水蒸气能吸收特定波长的红外线吸收式湿敏传感器。利用微波在含水蒸气的空气中传播时，水蒸气吸收微波使其产生一定损耗制成的微波湿敏传感器等。开发非水分子亲和力型传感器是湿敏传感器的重要研究方向，因为它能克服水分子亲和力型湿敏传感器的缺点。

（二）湿敏传感器的原理

湿敏传感器的种类繁多，工作原理也不相同，下面介绍几种湿敏传感器。

1. 氯化锂湿敏传感器

氯化锂湿敏电阻是典型的电解质湿敏元件，利用吸湿性盐类潮解，离子电导率发生变化而制成的测湿元件。典型的氯化锂湿敏传感器有登莫式和浸渍式两种。

登莫式传感器是用两根钯丝作为电极，按相等间距平行绕在聚苯乙烯圆管上，再浸涂一层含有聚乙酸乙烯酯（PVAC）和氯化锂（LiCl）水溶液的混合液，当被涂溶液的溶剂挥发干后，即凝聚成一层可随环境湿度变化的感湿均匀薄膜。在一定的温度（20～50℃）和相对湿度（20％RH～90％RH）下，经过7～15天老化处理后制成的。

浸渍式传感器由引线、基片、感湿层与金属电极组成。它是在基片材料上直接浸渍氯化锂溶液构成的，这类传感器的浸渍基片材料为天然树皮。浸渍式传感器结构与登莫式传感器不同，部分地避免了高温下所产生的湿敏膜的误差。由于它采用了面积大的基片材料，并直接在基片材料上浸渍氯化锂溶液，因此具有小型化的特点，适用于微小空间的湿度检测。

在氯化锂的溶液中，Li 和 Cl 均以正负离子的形式存在，而 Li * 对水分子吸引力强，离子水合程度高，其溶液中的离子导电能力与浓度成正比。当溶液置于一定温度的环境中时，若环境的相对湿度高，溶液将吸收水分，使浓度降低，其溶液电阻率增大；反之，环境的相对湿度低，则溶液浓度高，其电阻率下降。因此，氯化锂湿敏电阻的阻值将随环境相对湿度的改变而变化，从而实现湿度的测量。

氯化锂浓度不同的湿敏传感器，适用于不同的相对湿度范围。浓度低的氯化锂湿敏传感器对高湿度敏感，浓度高的氯化锂湿敏传感器对低湿度敏感。一般单片湿敏传感器的敏感范围，仅在 30％RH 左右，为了扩大湿度测量的线性范围，可以将多个氯化锂含量不同的湿敏传感器组合使用，如将测量范围分别为（10％～20％）RH、（20％～40％）RH、（40％～70％）RH、（70％～90％）RH、（80％～99％）RH 的五种元件配合使用，可以实现整个湿度范围的湿度测量。

氯化锂湿敏元件的优点是滞后小，不受测试环境风速的影响，检测精度一般可达到±5％。但是单片氯化锂湿敏传感器测湿范围窄，而多片组合体积大、成本高、不抗污染、耐热性差，难于在高湿和低湿的环境中使用，工作温度不高、寿命短、响应时间较慢，电源必须用交流，以避免出现极化。

2．半导体陶瓷湿敏传感器

半导体陶瓷湿敏传感器是一种电阻型的传感器，根据微粒堆集体或多孔状陶瓷体的感湿材料吸附水分可使电导率改变这一原理检测湿度。由于具有使用寿命长、可在恶劣条件下工作、响应时间短、测量精度高、测温范围宽（常温湿敏传感器的工作温度在 150℃ 以下，高温湿敏传感器的工作温度可达 800℃）、工艺简单、成本低廉等优点，所以是目前应用较为广泛的湿敏传感器。

制造半导体陶瓷湿敏电阻的材料，主要是不同类型的金属氧化物。这些材料有 $MgCr_2O_4-TiO_2$ 系、$ZnO-Li_2O-V_2O_5$ 系、$Si-Na_2O-V_2O_5$ 系、Fe_3O_4 系等。有些半导体陶瓷材料的电阻率随湿度增加而下降，称为负特性湿敏半导体陶瓷，还有一类半导体陶瓷材料的电阻率随湿度增大而增大，称为正特性湿敏半导体陶瓷。

半导体陶瓷湿敏传感器按其结构可以分为烧结型和涂覆膜型两大类。

1. 烧结型湿敏传感器

烧结型湿敏传感器其感湿体为 $MgCr_2O_4-TiO_2$ 系多孔陶瓷，利用它制得的湿敏元件，具有使用范围宽、湿度温度系数小、响应时间短，对其进行多次加热清洗之后性能仍较稳定等优点。

$MgCr_2O_4$ 属于立方尖晶石型结构，按导电结构属于 P 型半导体，其特点是感湿灵敏度适中、电阻率低、阻值温度特性好。为了改善和提高元件的机械强度及抗热骤变特性，在原料中加入 $30\%mol/L$ 的 TiO_2，这样在 $1300\,℃$ 的空气中可烧结成相当理想的陶瓷体，而 TiO_2 属于金红石型结构，属于 N 型半导体，因此 $MgCr_2O_4-TiO_2$ 多孔陶瓷是一种机械混合的复合型半导体陶瓷。材料烧结成型后，再切割成所需的感湿陶瓷薄片。在感湿陶瓷薄片的两个侧面加上 RuO_2 电极，电极的引线一般为铂—铱丝。由于经 $500\,℃$ 左右的高温短期加热，可除去油污、有机物和尘埃等污染，所以在陶瓷基片外面，安装一个镍铬丝绕制的加热清洗线圈，以便对元件经常进行加热清洗。陶瓷湿敏体和加热丝固定在 Al_2O_3 陶瓷基座上，为了避免底座上测量电极之间因吸湿和沾污而引起漏电，在测量电极的周围设置了隔漏环。

$MgCr_2O_4-TiO_2$ 材料表面的电阻率能在很宽的范围内随着湿度变化，是负特性半导体陶瓷，随着相对湿度的增加，电阻值基本按指数规律急剧下降。由于陶瓷的化学稳定性好，耐高温，多孔陶瓷的表面积大，易于吸湿和去湿，所以响应时间可以短至几秒。

这种陶瓷湿敏传感器的不足之处是性能还不够稳定，需要加热清洗，这又加速了敏感陶瓷的老化，对湿度不能进行连续测量。

2. 涂覆膜型 Fe_3O_4 湿敏器件

除了烧结型陶瓷外，还有一种由金属氧化物通过堆积、黏结或直接在氧化金属基片上形成感湿膜的湿敏器件，称为涂覆膜型湿敏器件。其中比较典型且性能较好的是 Fe_3O_4 湿敏器件。

Fe_3O_4 湿敏器件由基片、电极和感湿膜组成，采用滑石瓷作为基片材料，该材料吸水率低、机械强度高、化学物理性能稳定。在基片上用丝网印刷工艺印制成梳状金电极，将纯净的胶粒用水调制成适当黏度的浆料，然后涂在梳状金电极的表面，涂覆的厚度要适当，一般在 $20\sim30\mu m$，然后进行热处理和老化，引出电极后即可使用。

由于 Fe_3O_4 感湿膜是松散的微粒集合体，缺少足够的机械强度，微粒之间依靠分子力和磁力的作用，粒子间的空隙使薄膜具有多孔性，微粒之间的接触呈凹状，微粒间的接触电阻很大，所以 Fe_3O_4 感湿膜的整体电阻很高。当空气的相对湿度增大时，Fe_3O_4 感湿膜吸湿，由于水分子的附着，扩大了颗粒间的接触面，降低了粒间的电阻和增加更多的导流通路，所以元件阻值减小；当处于干燥环境中，Fe_3O_4 感湿膜脱湿，粒间接触面减小，元件阻值增大。因而这种器件具有负感湿特性，电阻值随着相对湿度的增加而下降，反应灵敏。

这里需要指出的是，烧结型的 Fe_3O_4 湿敏器件，其电阻值随湿度增加而增大，具有正特性。Fe_3O_4 湿敏器件是一种体效应器件，当环境湿度发生变化时，水分子要在数十微米厚的感湿膜体内充分扩散，才能与环境湿度达到新的平衡。这一扩散和平衡过程需时较长，使器件响应缓慢，并且由于吸湿和脱湿过程中响应速度有差别，器件具有较明显的湿滞效应，高湿时的滞后效应比低湿时大。

Fe_3O_4 湿敏器件可以利用单片器件进行宽量程测量，重复性、一致性较好，在高温环境中也较稳定，有较强的抗结露能力，而且工艺简单，价格便宜，在受少量醇、酮、酯等气体污染及尘埃较多的环境中也能使用。

3. 有机高分子湿度传感器

有机高分子湿度传感器常用的有高分子电阻式湿度传感器、高分子电容式湿度传感器和结露传感器等。

(1) 高分子电阻式湿度传感器

这种传感器的工作原理是由于水吸附在有极性基的高分子膜上，在低湿下，因吸附量少，不能产生荷电离子，所以电阻值较高。当相对湿度增加时，吸附量也增加，大量的吸附水就成为导电通道，高分子电解质的正负离子主要起到载流子作用，这就使高分子湿度传感器的电阻值下降。利用这种原理制成的传感器称为电阻式高分子湿度传感器。

(2) 高分子电容式湿度传感器

这种传感器是以高分子材料吸水后，元件的介电常数随环境的相对湿度改变而变化，引起电容的变化。元件的介电常数是水和高分子材料两种介电常数的总和。当含水量以水分子形式被吸附在高分子介质膜中时，由于高分子介质的介电常数远远小于水的介电常数，所以介质中水的成分对总介电常数的影响比较大。使元件对湿度有较好的敏感性能。

（3）结露传感器

这种传感器是利用了掺入碳粉的有机高分子材料吸湿后的膨润现象。在高湿下，高分子材料的膨胀引起其中所含碳粉间距变化而产生电阻突变。利用这种现象可制成具有开关特性的湿度传感器。

结露传感器是一种特殊的湿度传感器，它与一般湿度传感器的不同之处在于它对低湿不敏感，仅对高湿敏感，故结露传感器一般不用于测湿，而作为提供开关信号的结露信号器，用于自动控制或报警。

（三）湿敏传感器的应用

湿敏传感器可广泛使用于各种场合的湿度监测、控制和报警，应用领域非常广阔。

1. 湿度控制电路

湿度控制电路如图 7-3 所示。振荡电路由时基电路 IC_1、D 触发器 IC_2 组成。IC_1 产生 4Hz 的脉冲信号，经 IC_2 后变为 2Hz 的对称方波作为湿度器件的电源，由 IC_3 组成比较器。在比较器的同相输入端接入基准电压，调节电位器 RP 可以设定控制的相对湿度。在比较器的反相输入端接入湿度检测器件组成的电路，其中热敏电阻 RT 用作温度补偿，以消除湿度传感器 RH 的温度系数引起的测量误差。当空气的湿度变化时，比较器反相输入端的电平随之改变，当达到设定的相对湿度时，比较器输出控制信号，U_0 使执行电路工作。该控制电路可用于通风、排气扇及排湿加热等设备。

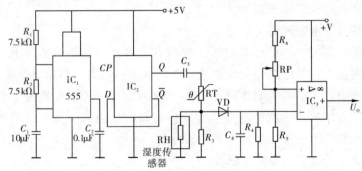

图 7-3　湿度控制电路

2. 汽车驾驶室玻璃自动去湿电路

图 7-4 是一种用于汽车驾驶室风窗玻璃的自动去湿电路。其目的是防止

驾驶室的风窗玻璃结露或结霜，保证驾驶人视线清楚，避免事故发生。该电路也可用于其他需要去湿的场合。

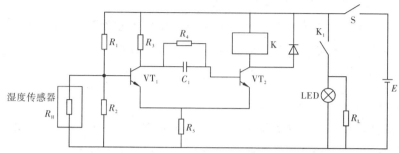

图 7—4　汽车驾驶室风窗玻璃的自动去湿电路

图中 R_L 为嵌入玻璃的加热电阻，RH 为设置在后窗玻璃上的湿度传感器。由 VT_1 和 VT_2 晶体管组成施密特触发电路，在 VT_1 的基极接有由 R_1、R_2 和湿度传感器电阻 RH 组成的偏置电路。在常温常湿条件下，由于 RH 的阻值较大，VT_1 处于导通状态，VT_2 处于截止状态，继电器 K 不工作，加热电阻无电流流过。当车内、外温差较大，且湿度过大时，湿度传感器 RH 的阻值减小，使 VT_2 处于导通状态，VT_1 处于截止状态，继电器 K 工作，其常开触点 K_1 闭合，加热电阻开始加热，后窗玻璃上的潮气被驱散。

第二节　生物传感器

一、生物传感器概述

生物传感器一般是在基础传感器上再耦合一个生物敏感膜，生物敏感物质附着于膜上或包含于膜中，溶液中被测定的物质，经扩散作用进入生物敏感膜层，经分子识别后，发生生物学反应，其所产生的信息可通过相应的化学或物理换能器转变成定量的和可以显示的电信号，由此可知被测物质的浓度。通过不同的感受器与换能器的组合可以开发出多种生物传感器。

（一）生物传感器的信号转换方式

1．将化学变化转变成电信号

目前大部分生物传感器属于这种类型。以酶传感器为例，酶能催化特定的底物（待测物）发生反应，从而使特定物质的量有所增减。通过酶把这类物质的量的改变转换为电信号的装置与固定化酶相耦合，即组成酶传感器。

2．将热变化转换为电信号

固定化的生物材料与相应的被测物作用时常伴有热量的变化，把反应的热效应借热敏电阻转换为电阻值的变化，后者通过有放大器的电桥输入到记录仪中。

3．将光信号转变为电信号

有些酶，例如过氧化氢酶，能催化过氧化氢/鲁米诺体系发光，因此如设法将过氧化氢酶膜附着在光纤或光敏二极管的前端，再与光电流测定装置相连，即可测定过氧化氢的含量。许多酶反应都伴有过氧化氢的产生，如葡萄糖氧化酶在催化葡萄糖氧化时即产生过氧化氢。如果把葡萄糖氧化酶和过氧化氢酶一起做成复合酶膜，则可利用上述方式测定葡萄糖。

4．直接产生电信号方式

上述三种原理的生物传感器，都是将分子识别元件中的生物敏感物质与待测物（一般为底物）发生化学反应产生化学或物理变化，再通过信号转换器将这些变化转变为电信号进行测量，这种方式统称为间接测量方式。此外，还有一类所谓直接测量方式，这种方式可使酶反应伴随的电子转移，微生物细胞的氧化，直接或通过电子传递体的作用在电极表面上发生。

（二）生物传感器的特点

生物传感器利用酶、抗体和微生物等作为元件敏感材料，故采用不同的生物物质，生物传感器可有选择地对特定物质产生响应。如酶识别酶作用物、抗体识别抗原、核酸识别形成互补碱基对的核酸等。和普通化学分析方法相比，生物传感器具有如下特点：

①选择性好，只对特定的被测物质起反应，而且不受颜色浊度的影响；

②操作简单，所需样品数量少，能直接完成测定；

③经固定化处理，可保持较长期生物活性，传感器可反复使用；

④分析检测速度快；

⑤准确度高，一般相对误差小于1%；

⑥主要缺点是使用寿命较短。

（三）生物物质的固定化技术

生物传感器的关键技术之一是如何把生物敏感物质附着于膜上或包含于膜中，在技术上称为固定化。固定化大致分为化学法与物理法两种。

1. 化学固定法

化学固定法是在感受体与载体之间或感受体相互之间至少形成一个共价键，能将感受体的活性高度稳定地固定。一般这种固定法是使用具有很多共价键原子团的试剂，在感受体之间形成"架桥"膜。在这种情况下，除了感受体外，还要加上蛋白质和醋酸纤维素等作为增强材料，以形成相互之间的架桥膜。这种方法很简单，但必须严格控制其反应条件。

2. 物理固定法

物理固定法是感受体与载体之间或感受体相互之间，根据物理作用即吸附或包裹进行固定。吸附法是在离子交换脂膜、聚氯乙烯膜等表面上，以物理方法吸附感受体，此法能在不损害敏感物质活性的情况下固定，但固定程度容易减弱，一般常采用赛璐玢膜进行保护。

（四）生物传感器的分类

生物传感器按所用分子识别元件的不同，可以分为酶传感器、微生物传感器、组织传感器、细胞传感器和免疫传感器等；按信号转换元件的不同，可分为电化学生物传感器、半导体生物传感器、测热型生物传感器、测光型生物传感器和测声型生物传感器等；按对输出信号的不同测量方式，又可分为电位型生物传感器、电流型生物传感器和伏安型生物传感器。

二、生物传感器的工作原理及结构

(一) 酶传感器

酶传感器的基本原理是用电化学装置检测酶在催化反应中生成或消耗的物质（电极活性物质），将其变换成电信号输出，这种信号变换通常有两种：电位法和电流法。

1. 电位法

它是将不同离子生成在不同感受体上，根据测得的膜电位去计算与酶反应有关的各种离子的浓度。一般采用 NH_4^+ 电极（NH_3 电极）、H^+ 电极、CO_2 电极等。

2. 电流法

它是通过与酶反应有关的物质的电极反应，得到电流值来计算被测物质的方法。其电化学装置采用的电极是 O_2 电极、燃料电池电极和 H_2O_2 电极等。

由此可见，酶传感器是由固定化酶和基础电极组成的。酶电极的设计主要考虑酶催化反应过程产生或消耗的电极活性物质。若酶催化反应是耗氧过程，就可以使用 O_2 电极或 H_2O_2 电极；若酶反应过程产生酸，则可使用 pH 电极。

固定化酶传感器是由 Pt 阳极和 Ag 阴极组成的极谱记录式 H_2O_2 电极与固定化酶膜构成的。它是通过电化学装置测定由酶反应过程中生成或消耗的离子，由此通过电化学方法测定电极活性物质的数量，可以测定被测成分的浓度。如用尿酸氧化酶传感器测量尿酸，尿酸是核酸中嘌呤分解代谢的最终产物，正常值为 $20 \sim 70mg/L$，在氧存在的情况下，尿酸氧化成尿囊素、H_2O_2 和 CO_2，可采用尿酸氧化酶电极测其 O_2 消耗量，也可采用电位法在 CO_2 电极上用羟乙基纤维素固定尿酸测定其生成物 CO_2，然后再换算出尿酸的浓度。

(二) 葡萄糖传感器

葡萄糖是典型的单糖类，是一切生物的能源。常人空腹血糖为 $800 \sim$

1200mg/L，对糖尿病患者来说，如果血液中葡萄糖浓度升高 0.17％ 左右，尿中就会出现葡萄糖。因此，测定血液和尿中的葡萄糖浓度对糖尿病患者的临床检查是很必要的。现已研究出对葡萄糖氧化反应起一种特异催化作用的酶——葡萄糖氧化酶（GOD），并研究出用它来测定葡萄糖浓度的葡萄糖传感器。

葡萄糖在 GOD 的参与下被氧化，在反应过程中所消耗的氧，随葡萄糖量的变化而变化。在反应过程中有一定量的水参加时，其产物是葡萄糖酸和 H_2O_2，因为在电化学测试中反应电流与生成的 H_2O_2 浓度成比例，所以可换算成葡萄糖浓度。通常，对葡萄糖浓度的测试方法有两种。

一种方法是测量氧的消耗量，即将 GOD 固定化膜与 O_2 电极组合。葡萄糖在酶电极参加下，反应生成 O_2，由隔离型 O_2 电极测定。这种 O_2 电极是将 Pb 阳极与 Pt 阴极浸入浓碱溶液中构成电池。阴极表面用氧穿透膜覆盖，溶液中的氧穿过原的阴极电流流过，其电流值与含氧浓度成比例。

另一种方法是测量 H_2O_2 生成量。这种传感器是由测量 H_2O_2 的电极与 GOD 固定化膜相结合而组成。葡萄糖和缓冲液中的氧与 GOD 固定化膜进行反应。反应槽内装满 pH 为 7.0 的磷酸缓冲液。由 Pt－Ag 构成的固体电极，用 GOD 固定化膜密封，在 Ag 阴极和 Pt 阳极间有 0.64V 的电压，缓冲液中有 O_2。在这种条件下，一旦在反应槽内注入血液，血液中的高分子物质（如抗坏血酸、胆红素、血红素及血细胞类）就会被固定化膜除去。仅仅是血液中的葡萄糖和缓冲液中的 O_2 与固定化 GOD 进行反应。在反应槽内生成 H_2O_2，并不断扩散到达电极表面，在阳极生成 O_2 和反应电流；在阴极 O_2 被还原生成 H_2O。因此，在电极表面发生的全部反应是 H_2O_2 分解，生成 H_2O_2 和 O_2。这时有反应电流流过。因为反应电流与生成的浓度成比例，所以在实际测量中可换算成葡萄糖浓度。

GOD 的固定方法是共价键法，用电化学方法测量，其测定浓度范围在 100～500mg/L，响应时间在 20s 以内，稳定性可达 100 天。

（三）微生物传感器

与酶传感器相比，微生物传感器的价格更便宜，使用时间更长，稳定性更好。

目前，酶主要是从微生物中提取精制而成，虽然它有良好的催化作用，但它的缺点是不稳定，在提取阶段容易丧失活性，精制成本高。酶传感器和微生物传感器都是利用酶的基质选择性和催化性功能。但酶传感器是利用单一的酶，而微生物传感器是利用与多种酶有关的高度机能的综合，即复合酶。也就是说，微生物的种类是非常多的，菌体中的复合酶、能量再生系统、辅助酶再生系统、以微生物的呼吸及新陈代谢为代表的全部生理机能都可以加以利用。因此，用微生物代替酶，有可能获得具有复杂及高功能的生物传感器。

微生物传感器是由固定微生物膜及电化学装置组成的。微生物膜的固定化法与酶的固定方式相同。

由于微生物有好气（O_2）性与厌气（O_2）性之分（也称好氧性与厌氧性），所以传感器也根据这一物性而有所区别。好气性微生物传感器是因为好气性微生物生活在含氧条件下，在微生物生长过程中离不开O_2，可根据呼吸活性控制O_2浓度得知其生理状态。把好气性微生物放在纤维蛋白质中固化处理，然后把固定化膜附着在封闭式O_2电极的透气膜上，做成好气性微生物传感器。微生物在摄取有机物时呼吸旺盛，氧消耗量增加。余下部分氧穿过透氧膜到达O_2电极转变为扩散电流，当有机物的固定化膜内扩散的氧量和微生物摄取有机物消耗量达到平衡时，到达O_2电极的氧量稳定下来，得到相应的状态电流值。该稳态电流值与有机物浓度有关，可对有机物进行定量测试。

对于厌气性微生物，出于O_2的存在，妨碍微生物的生长，可由其生成的CO_2或代谢产物得知其生理状态。因此，可利用CO_2电极或离子选择电极测定代谢产物。

（四）免疫传感器

免疫传感器是将免疫测定技术与传感技术相结合的一类新型生物传感器。免疫传感器依赖于抗原和抗体之间特异性和亲和性，利用抗体检测抗原或利用抗原检出抗体。并非所有的化合物都有免疫原性，一般分子量大、组成复杂、异物性强的分子，如生物战剂和部分毒素具有很强的免疫原性，而小分子物质，如化学战剂和某些毒素则没有免疫原性。但免疫传感器更适合于研制能连续、重复使用的毒剂监测器材。免疫分析法选择性好，如一种抗体只能识别一种毒剂，可以区分性质相似的同系物、同分异构体，甚至立体异构体，且抗体比酶具有更好的特异性，抗体与抗原的复合体相对稳定，不易分解。

（五）半导体生物传感器

半导体生物传感器是由半导体传感器与生物分子功能膜、识别器件组成的。常用的半导体器件是光电二极管和酶场效应晶体管（FET）。因此，半导体生物传感器又称为生物场效应晶体管（BiFET）。最初是将酶和抗体物质加以固定制成功能膜，并把它紧贴于 FET 的栅极绝缘膜上，构成 BiFET，现已研制出酶 FET、尿素 FET、抗体 FET 及青霉素 FET 等。

（六）多功能生物传感器

前面所介绍的生物传感器是为有选择地测量某一种化学物质而制作的元件。但是，这些传感器均不能同时测量多种化学物质的混合物，而像产生味道这样复杂微量成分的混合物，人的味觉细胞就能分辨出来。因此，要求传感器可以像细胞检测味道一样能分辨任何形式的多种成分的物质，同时测量多种化学物质，具有这样功能的传感器称为多功能传感器。

由生物学可知，在生物体内存在多种互相亲和的特殊物质，如果能巧妙地利用这种亲和性，测定出亲和性的变化量，就能测量出预测物质的量，实现这种技术的前提是各亲和物质的固定化方法。例如，把对被测物有敏锐持性的酶，用物理或化学的方法将天然或合成蛋白质、抗原、抗体、微生物、植物及动物组织、细胞器（线粒体、叶绿体）等固定在某载体上作为识别元件。

最初是用固定化酶膜和电化学器件组成酶电极。常把这种酶电极称为第一代产品。其后开发的微生物、细胞器、免疫（抗体、抗原）、动植物组织及酶免疫（酶标抗原）等生物传感器称为第二代产品。目前，又进一步按电子学方法理论进行生物电子学的种种尝试，这种新研制的产品称为第三代产品。

三、生物传感器的应用

（一）生物传感器在医学中的应用

生物传感器的应用是十分广泛的，表 7－3 列出了它在生物医学中的应用。

表 7－3　生物传感器在医学中的应用

传感器类型	应用
酶传感器	酶活性检测，尿素、血糖、胆固醇、有机碱、农药、酚的监测
微生物传感器	BOD 快速检测，环境中致突变物质的筛选乳酸、乙酸、抗生素、发酵过程的监测
免疫传感器	探测抗原－抗体反应，病毒血清学反应，血型判断，多种血清学诊断
酶免疫传感器	妊娠诊断，超微量激素，TSH 等监测

生物传感器不仅应用在医学工程中，而且在工业生产中也得到应用。例如，发酵工业生产各种化合物，需要连续地控制发酵生成物的体积浓度，以便进一步提高发酵过程的效率。为了迅速检测发酵培养液中谷氨酸的含量，可采用谷氨酸传感器。可将微生物大肠杆菌（它含有谷氨酸脱羧酶）固化在电极硅胶上，用它和 CO_2 电极组合成谷氨酸传感器。

（二）生物传感器在食品工业中的应用

1. 在生化过程自动控制中的应用

在酿酒过程中，葡萄糖和乙醇的体积浓度之比是一个重要指标。将乙醇氧化酶和葡萄糖固定成生物接收器，再与电极连接，这样制成的生物传感器可监控葡萄糖和乙醇的体积浓度。这种生物传感器可连续测 500 次，响应时间仅 20s。而在发酵控制方面，一直需要直接测定细菌数目的简单而连续的方法。人们发现在阳极表面，细菌可以直接被氧化并产生电流。这种电化学系统已应用于细菌数目的测定，其结果与传统的菌斑计数法是相同的。

2. 对食品中农药、抗生素及有毒物质的分析应用

利用农药对目标酶（如乙酰胆碱酯酶）活性的抑制作用研制的酶传感器，

以及利用农药与特异性抗体结合反应研制的免疫传感器，在食品残留农药的检测中都得到了广泛的研究。用安培免疫传感器检测水样中的杀虫剂，检测下限可达 ag/L 级，时间仅 1～3min；杀虫剂可用压电晶体免疫传感器、流动注射分析免疫传感器、安培酶免疫电极等测定，测定下限分别是 $0.1\mu g/L$、$9\mu g/L$ 和 $1\mu g/L$。胆碱酯酶电流型生物传感器用于谷物样品中氨基甲酸酯类杀虫剂涕灭威、西维因、灭多虫和残杀威的测定，效果明显；食品中的有毒物质主要是生物毒素，尤以细菌毒素和真菌毒素最严重。采用微生物传感器对黄曲霉毒素 B1 和丝裂霉素的检出限分别为 $0.8\mu g/mL$ 和 $0.5\mu g/mL$。

3. 生物传感器在环境监测中的应用

（1）氨氮、亚硝酸盐的测定

目前，室内氨氮一般用纳氏试剂光度法测量，亚硝酸盐氮用奈基－乙二胺光度法测定，硝酸盐氮用紫外分光光度法测量。对于野外现场测定，国外有一种氨氮和硝酸盐微生物传感器，它由从废水处理装置中分离出来的硝化细菌和氧电极组合构成，用它对河水的进行测量，效果较好，且可以在黑暗和有光的条件下测量硝酸盐和亚硝酸盐，并在盐环境下测量，不受其他种类氮氧化物的影响。

（2）碑的测定

最近科学家们在污染区分离出一种能够发荧光的细菌，此细菌含有荧光基因，在污染源的刺激下能够产生荧光蛋白，从而发出荧光。人们可以通过遗传工程的方法将这种基因导入合适的细菌内，制成微生物传感器，用于水环境监测。国外已经将荧光素酶导入大肠杆菌中，用来检测神的有毒化合物。

第三节　智能传感器

一、智能传感器的功能与特点

智能传感器是传感网的基础与感知终端，其技术水平直接决定了传感网的整体技术性能。智能传感器通过嵌入式技术将传感器、前级信号调理电路、微处理器和后端接口电路集成在一块芯片上。具有环境感知、数据处理、智能控制与数据通信功能的智能数据终端设备。这种新型传感器能直接实现信息的检测、处理、存储和输出。智能传感器是信息技术前沿的尖端产品，它具有集成化、智能化、高精度、高性能、高可靠性和价格低廉等显著优势。

关于智能传感器的概念，目前尚无统一确切的定义，但是普遍认为，智能传感器是带有微处理器并兼有信息检测和信息处理功能的传感器，它能充分利用微处理器进行数据分析和处理，并能对内部工作过程进行调节和控制，使采集的数据最佳。具体地说，智能传感器通常是在同一壳体内既有传感元件，又有微处理器和信号处理电路，输出方式常采用 RS－232 或 RS－422 等串行输出，或采用 IEEE－288 标准总线并行输出。

因此可以说，智能传感器就是一个最小的微机系统，其中作为控制核心的微处理器通常采用单片机。

（一）智能传感器的功能

智能传感器比传统传感器在功能上有了极大的提高，主要表现在以下几个方面。

①具有自补偿功能。可通过软件对传感器的非线性、温度漂移、响应时间、噪声等进行自动补偿。

②具有自校准功能。操作者输入零值或某一标准量值后，自校准程序可以自动地对传感器进行在线校准。

③具有自诊断功能。接通电源后，检查传感器各部分是否正常，并可诊断发生故障的部件。

④具有自动数据处理功能。可根据智能传感器内部程序，自动进行数据采集和预处理（如统计处理、剔除坏值等）。

⑤具有组态功能。可实现多传感器、多参数的复合测量，扩大了检测与使用范围。

⑥具有双向通信和数字输出功能。微处理器不但能接收、处理传感器的数据，而且还可将信息反馈至传感器，实现对测量过程的调节与控制，而标

准化数字输出可方便地与计算机或接口总线相连。这是智能传感器关键的标志之一。

⑦具有信息存储与记忆功能。可存储已有的各种信息，如校正数据、工作日期等。

⑧具有分析、判断、自适应、自学习的功能。可以完成图像识别、特征检测、多维检测等复杂任务。

因此可以说，智能传感器除了能检测物理、化学量的变化之外，还具有测量信号调理（如滤波、放大、A－D转换等）、数据处理以及数据输出等能力，它几乎包括了仪器仪表的全部功能。可见，智能传感器的功能已经延伸到仪器的领域。

随着科学技术的发展，智能传感器的功能将逐步增强，性能将日趋完善，它将利用人工神经网络、人工智能、信息处理技术（如传感器信息融合技术、模糊理论等）、数字信号处理（DSP，Digital Signal Processing）技术、蓝牙技术（Bluetooth）等，使传感器具有更高级的智能。

（二）智能传感器的特点

与传统传感器相比，智能传感器有如下特点。

1．精度高

智能传感器可通过自动校零去除零点；与标准参考基准实时对比，以自动进行整体系统标定；自动进行整体系统的非线性等系统误差的校正；通过对采集的大量数据进行统计处理，以消除偶然误差的影响等，保证了智能传感器有较高的精度。

2．可靠性高与稳定性强

智能传感器能自动补偿因工作条件与环境参数发生变化而引起的系统特性的漂移，如：温度变化而产生的零点和灵敏度的漂移；当被测参数变化后能自动改换量程；能实时自动进行系统的自我检验，分析、判断所采集到的数据的合理性，并给出异常情况的应急处理（报警或故障提示）。因此，有多项功能保证了智能传感器具有很高的可靠性与稳定性。

3. 高信噪比与高分辨率

由于智能传感器具有数据存储、记忆与信息处理功能，通过软件进行数字滤波、数据分析等处理，可以去除输入数据中的噪声，从而将有用信号提取出来；通过数据融合、神经网络技术，可以消除多参数状态下交叉灵敏度的影响，从而保证在多参数状态下对特定参数测量的分辨能力，故智能传感器具有很高的信噪比与分辨率。

4. 自适应性强

由于智能传感器具有判断、分析与处理功能，它能根据系统工作情况决策各部分的供电情况、优化与上位计算机的数据传送速率，并保证系统工作在最优低功耗状态。

5. 性能价格比高

智能传感器所具有的上述高性能，并不像传统传感器技术那样通过对传感器的各个环节进行精心设计与调试来实现，而是通过与微处理器/微计算机相结合，采用低价的集成电路工艺和芯片以及强大的软件来实现的，所以智能传感器具有更高的性能价格比。

二、智能传感器的实现途径

（一）非集成化实现

非集成化智能传感器是将传统传感器（采用非集成化工艺制作的传感器，仅具有获取信号的功能）、信号调理电路、带数字总线接口的微处理器组合为一个整体而构成的智能传感器系统。

信号调理电路是用来调理传感器输出信号的，即将传感器输出信号进行放大并转换为数字信号后送入微处理器，再由微处理器通过数字总线接口挂接在现场数字总线上，这是一种实现智能传感器系统的最快途径与方式。例如，美国罗斯蒙持公司、SMAR 公司生产的电容式智能压力（差）变送器系列产品，就是在原有传统式非集成化电容式变送器基础上附加一块带数字总线接口的微处理器插板后组装而成的，并开发配备了可进行通信、控制、自校正、自补偿、自诊断等功能的智能化软件，从而实现传感器的智能化。

（二）集成化实现

集成化智能传感器系统是采用微机械加工技术和大规模集成电路工艺技术，利用半导体材料硅作为基本材料来制作敏感元件，将信号调理电路、微处理器单元等集成在一块芯片上构成的。故又可称为集成智能传感器（Integrated Smart/Intelligent Sensor）。

随着微电子技术的飞速发展以及微米、纳米技术问世，大规模集成电路工艺技术日臻完善，集成电路器件的集成度越来越高。它已成功地使各种数字电路芯片、模拟电路芯片、微处理器芯片、存储器电路芯片等的性价比大幅提升。反过来，它又促进了微机械加工技术的发展，形成了与传统传感器制作工艺完全不同的现代智能集成传感器。

（三）混合实现

可以将系统各个集成化环节，如敏感单元、信号调理电路、微处理器单元、数字总线接口，以不同的组合方式集成在两块或三块芯片上，并装在一个外壳里。

集成化敏感单元包括弹性敏感元件及变换器；信号调理电路包括多路开关、医用放大器、基准、A·D 转换器等；微处理器单元包括数字存储（EPROM、ROM、RAM）、I/O 接口、微处理器、D·A 转换器等。

实现传感器智能化功能以及建立智能传感器系统，是传感器克服自身不足，获得高稳定性、高可靠性、高精度、高分辨力与高自适能力的必然趋势。不论是非集成化实现方式还是集成化实现方式，或是混合实现方式，传感器与微处理器计算机赋予智能的结合所实现的智能传感器系统，都是在最少硬件条件基础上采用强大的软件优势来"赋予"智能化功能的。

三、智能传感器的发展方向

智能传感器技术是一门涉及多种学科、多个领域的高新技术，随着当前科学技术的不断发展，其主要发展趋势及新技术包括以下几个方面。

（一）微传感器系统

近年来随着微电子技术的不断发展和工艺日臻成熟，微电子机械加工技术已获得飞速发展，成为开发新一代微传感器、微系统的重要手段。在微传感器系统中包含了微型传感器（或具有微机械结构的微传感器）、CPU、存储器和数字接口，并具有自动补偿、自动校准功能，其特征尺寸已从微米进入纳米数量级。微传感器不仅可制成简单的三维结构，还可做成三维运动结构与复杂的力平衡结构。微传感器系统具有微小体积、低成本、高可靠性等优点。目前已广泛应用到工业、办公自动化等领域。

（二）多传感器数据融合技术

与单传感器测量相比，多传感器数据融合技术具有无可比拟的优势。例如，人们用单眼和双眼分别去观察同一个物体，二者在大脑神经中枢所形成的影像就不同，后者更具有立体感和距离感，这是因为用双眼观察物体时尽管两眼的视角不同，所得到的影像也不同，但经过神经中枢融合后会形成一幅新的影像，这是人脑的一种高级融合技术。

多传感器数据融合的基本原理就如同人脑处理信息一样，充分利用多个传感器资源，通过微处理器或计算机对这些传感器所检测到的信息进行综合处理，以获得被测对象的客观描述，进而还可推导出更多有价值的信息。

多传感器融合的方法有很多，可以将多个相同的传感器（或敏感元件）集成在同一芯片上，在保证测量精度的条件下扩大传感器的测量范围，也可以把不同类型的传感器集成在一个芯片中以测量不同性质的参数，实现综合测量功能。

采用多传感器融合技术可提高信息的可信度，增加目标特征参数的种类及数量，降低获取信息的成本，缩短获取信息的时间，提高系统的性价比。因此，该项技术适用于工业自动化、医学诊断、模式识别、设备监测、气象预报、卫星遥感、航天器导航等多个领域，应用前景十分广泛。

（三）网络化智能传感器系统

随着网络技术的发展，远程测控系统正向网络化、分布式和开放式的方向发展，基于网络的智能传感器测控系统正获得越来越广泛的应用。例如，美国 Honeywell 公司推出了 PPT 等系列的网络化智能精密压力传感器，它将压敏电阻传感器、A－D 转换器、微处理器、存储器和接口电路集于一体，不仅达到了高性能指标，还极大地方便了用户，适用于工业自动控制、环境监测、医疗设备等领域。与此同时，各种基于以太网或因特网的嵌入式网络测控系统也得到了迅速发展。

(四) 蓝牙传感器系统

蓝牙（Bluetooth）技术是一种能取代固定式或便携式电子设备上的电缆或连线的短距离无线通信技术，蓝牙芯片可安装在任何数字设备中，实现无阻隔的无线通信，为消费类电子产品与通信工具的整合提供了一个平台。目前，蓝牙收发器的有效通信距离已从最初的 10m 扩展到 100m 以上。

美国北欧集成电路（Nordic）公司先后推出基于蓝牙技术的 nRF401 型、nRF903 型单片射频收发器，可广泛用于无线通信、遥测遥控、工业控制、数据采集系统、车辆安全系统、无线抄表、无线传输、身份识别、非接触式 RF 智能卡、机器人控制、气象及水文监测等领域。此外，还可实现无线 RS－232 或 RS－485 数据通信、无线数字语音及数字图像的传输。

(五) 生物传感器系统

生物传感器系统亦称生物芯片，它是继大规模集成电路之后的又一次具有深远意义的科技革命。生物芯片是采用微电子技术集成的微型生物化学分析系统，可广泛用于医疗卫生、生物制药、环境监测等领域，其效率是传统检测手段的成百上千倍。常见的生物芯片分为三大类：基因芯片、蛋白质芯片和实验系统芯片。

生物芯片不仅能模拟人的嗅觉（如电子鼻）、视觉（如电子眼）、听觉、味觉、触觉等，还能实现某些动物的特异功能（例如海豚的声呐导航测距、蝙蝠的超声波定位、犬类极灵敏的嗅觉、信鸽的方向识别、昆虫的复眼等）。目前，国外已研制出多种生物芯片，包括可置入人体的生物芯片。我国最近也开发出压电生物传感器芯片及自动检测仪，可用于基因诊断、微量蛋白与激素检测、凝血指标分析、环境监测及食品卫生检测等领域。

可见，智能传感器是为了适应现代自动化系统发展的要求而提出来的，是传感器发展里程中的一次革命，它代表着目前传感器技术发展的大趋势，这已是世界上仪器仪表界共同瞩目的研究内容。但总的来说，目前传感器的智能化程度还仅仅处于初级阶段，与人类的智能还有很大的差距，还只能说是数据处理层次上的低级智能。智能传感器的最高目标应该是接近或达到人类的智能水平，能够像人一样通过在实践中不断地改进和完善，实现最佳测量方案，得到最理想的测量结果。我们有理由相信：随着传感器技术的不断发展，尤其是微机械加工工艺与微处理器技术的不断进步，智能传感器必将被不断地赋予更新的内涵与功能，也必将推动测控技术不断发展。

第四节 无线传感器网络

一、无线传感器网络的概念

无线传感器网络（Wireless Sensor Network，WSN）是由部署在监测区域内的大量微型传感器节点通过无线电通信形成的一个多跳的自组织网络系统，其目的是协作感知、采集和处理网络覆盖区域里被监测对象的信息，并发送给观察者。通过网关，传感器网络还可以连接到现有的网络基础设施上（如互联网、移动通信网络等），从而将采集到的信息传递给远程的终端用户使用。

（一）传感器节点

传感器节点通常是一个微型的嵌入式系统，它集成了传感器模块、信息处理模块、无线通信模块和能量供应模块，即传感器节点由传感器模块、处理器模块、无线通信模块和能量供应模块四部分组成。传感器模块负责监测区域内信息的采集和转换；处理器模块负责控制整个传感器节点的操作，存储和处理本身采集的数据以及其他节点发来的数据；无线通信模块负责与其他传感器节点进行无线通信，交换控制消息和收发采集数据；能量供应模块为传感器节点提供运行所需的能量，通常采用微型电池。

（二）传感器网络结构

传感器网络系统包括传感器节点、汇聚节点和任务管理节点。大量传感器节点部署在监测区域内部或者附近，能够通过自组织方式构成网络。传感器节点监测的数据沿着其他传感器节点逐跳地进行传输，在传输过程中，监测数据可能被多个节点处理，经过多跳后路由到汇聚节点，最后通过互联网或者卫星到达任务管理节点。用户通过任务管理节点对传感器网络进行配置和管理，发布监测任务以及收集监测数据。传感器节点通常是一个微型嵌入式系统，其处理能力、存储能力和通信能力相对较弱，通过携带能量有限的电池供电。汇聚节点的处理能力、存储能力和通信能力相对比较强，连接传感器网络与外部网络，发布任务管理节点的监测任务并将收集的数据转发到外部网络上。

当前无线传感器网络普遍采用的协议栈体系结构，它包括物理层、数据链路层、网络层、传输层和应用层，与互联网协议栈的五层协议相对应。另外，协议栈还包括能量管理平台、移动管理平台和任务管理平台。

传感器与观察者之间的通信，支持多传感器协作完成大型感知任务。

①物理层提供简单但重要的信号调制和无线收发技术，负责频率选择、载波生成、信号检测、调制解调、编码、定时和同步等问题，物理层设计直接影响到电路的复杂度和传输能耗等问题。

②数据链路层负责数据成帧、帧监测、差错校验和介质访问控制（MAC）方法，以保证可靠的点到点和点到多点的通信。

③网络层主要负责路由生成与路由选择。以通信网络为核心，实现传感器与传感器、传感器与观察者之间的通信，支持多传感器协作完成大型感知任务。

④传输层负责数据流的传输控制，是保证通信服务质量的重要组成部分。

⑤应用层解决应用的共性问题，包括应用基础和典型应用，如时间同步、节点定位、能量管理、配置管理、安全管理和远程管理等。

⑥能量管理平台管理传感器节点如何使用能量，综合协调各层节省能量。

⑦移动管理平台监测并注册传感器节点的移动，维护到网关节点的路由，使得传感器节点能够动态跟踪其邻居的位置。

⑧任务管理平台在一个给定的区域内平衡和调度监测任务。

二、无线传感器网络的特点

目前常见的无线网络包括移动通信网、无线局域网、蓝牙网络、Ad Hoc 网络等，无线传感器网络与这些传统网络相比具有以下特点。

（一）资源有限

首先，传感器节点是一种微型嵌入式设备，具有成本低、体积小、功耗少等特点，使得其能量有限、计算和通信能力弱、存储容量小、无法处理复杂的任务。其次，传感器节点的通信带宽窄，易受高山、建筑物、障碍物等地势地貌以及风雨雷电等自然环境的影响，通信断接频繁。最后，传感器节点个数多、分布范围广、部署区域环境复杂，在很多应用中通过更换电池来补充能量是不可行的。

因此，如何充分利用有限的资源去完成数据的采集、处理和中继等多种任务是设计无线传感器网络面临的主要挑战。在研制无线传感器网络的硬件系统和软件系统时，必须充分考虑资源的局限性，协议层不能太复杂，并且要以节能为前提。

（二）节点众多、分布密集

无线传感器网络中的节点分布密集，数量巨大，可能达到几百、几千，甚至更多。此外，传感器网络可以分布在很广泛的地理区域。传感器网络的这一特点使得网络的维护十分困难，甚至不可维护，因此传感器网络的软、硬件必须具有较高的强壮性和容错性，以满足传感器网络的功能要求。

（三）自组织、动态性网络

在传感器网络应用中，节点通常放置在没有基础结构的地方。传感器节点的位置不能预先精确设定，节点之间的相互邻居关系预先也不知道，而是通过随机播撒的方式，如通过飞机播撒大量节点到面积广阔的原始森林中，或随意放置到人不可到达的危险区域。这就要求传感器节点具有自组织能力，能够自动进行配置和管理，通过拓扑控制机制和网络协议自动形成转发监控数据的多跳无线网络系统。同时，由于部分传感器节点能量耗尽或环境因素造成失效，以及经常有新的节点加入，或是网络中的传感器、感知对象和观察者这三要素都可能具有移动性，这就要求传感器网络必须具有很强的动态性，以适应网络拓扑结构的动态变化。

（四）多跳路由

无线传感器网络中节点的功率有限，通信距离只有几十米到几百米，不足以覆盖整个网络区域，如果希望与其射频范围之外的节点通信，则需要经过中间节点的转发。无线传感器网络中没有专门的路由设备，多跳路由是由普通传感器节点完成的。

（五）以数据为中心的网络

传统的计算机网络是以地址（MAC 地址或 IP 地址）为中心的，数据的接收、发送和路由都按照地址进行处理。而无线传感器网络是任务型的网络，用户通常不需要知道数据来自哪一个节点，而更关注数据及其所属的空间位置。例如，在目标跟踪系统中，用户只关心目标出现的位置和时间，并不关心是哪一个节点监测到目标。因此，在无线传感器网络中不一定按地址来选择路径，而可能根据感兴趣的数据建立起从发送方到接收方的转发路径。另外，传统的计算机网络要求实现端到端的可靠传输，传输过程中不会对数据进行分析和处理，而无线传感器网络要求的是高效率传输，需要尽量减少数据冗余，降低能量消耗，数据融合是传输过程中的重要操作。

（六）应用相关的网络

传感器网络用来感知客观物理世界，获取物理世界的信息。客观世界的物理量多种多样，不可穷尽。不同的传感器网络应用关心不同的物理量，因此对传感器的应用系统也有多种多样的要求。不同的应用背景对传感器网络的要求不同，其硬件平台、软件系统和网络协议必然会有很大差别，在传感器网络应用开发中，更关心传感器网络的差异。

只有让系统更贴近应用，才能做出最高效的目标系统。针对每一个具体应用来研究传感器网络技术，这是传感器网络设计不同于传统网络的显著特征。

三、无线传感器网络的关键技术

传感器节点体积微小，通常携带能量十分有限的电池。由于传感器节点个数多、成本要求低廉、分布区域广，而且部署区域环境复杂，有些区域甚至人员不能到达，无法通过更换电池的方式来补充能源，所以高效的使用能量、延长网络生存期是网络通信协议设计面临的首要目标。另外，传感器节点具有的能量、处理能力和通信能力十分有限，在实现各种网络协议和应用系统时，常存在一些限制，因此设计有效的协议和算法来改进网络通信性能是传感器网络设计的另一个目标。传感器网络是集成了监测、控制以及无线通信的网络系统，节点数目更为庞大（成千甚至上万），节点分布更加密集，为了保证网络协议以及算法具有可扩展性，其设计应具有分布式特点。通常情况下，大多数节点是固定不动的，由于环境影响和能量耗尽，节点容易出现故障，因此设计的传感器网络算法和协议还应当具有自组织、自优化和自愈的能力。在实现传感器网络协议和应用系统时，需要考虑这些现实约束并有针对性地提出关键技术和解决方案。

（一）网络自组织连接技术

传感器网络自组织组网和连接是指在满足区域覆盖度和网络连通度的条件下，通过节点发送功率的控制和网络关键节点的选择，构建邻居链路，形成一个高效的网络连接拓扑结构，以提高整个网络的工作效率，延长网络的生命周期。网络自组织连接技术能提高 MAC 协议和路由协议的效率，为数据融合、时间同步和节点定位等创造条件，可分为节点功率控制和层次拓扑控制两个方面。节点功率控制机制用于在满足网络连通度的条件下，尽可能减少发射功率。层次拓扑控制采用分簇机制实现，在网络中选择少数关键节点作为簇首，由簇首节点实现全网的数据转发，簇成员节点可以暂时关闭通信模块，进入睡眠状态。这样既实现了区域覆盖范围内的数据采集和传输，又在一定程度上节省了能量。

（二）智能感知覆盖技术

传感器网络中各类型传感器节点有其特定的感知范围限制。传感器节点能够感知的物理世界的最大有效距离称为节点的感知距离。传感器网络的智能感知覆盖技术是指传感器节点根据任务监测要求和节能需求智能地与其邻居传感器节点进行协同协作，从而实现节能的监测区域覆盖方案，即传感器网络在满足区域面向监测任务覆盖要求的同时，又使得能量消耗最低。

（三）网络通信技术

传感器节点传输信息时，要比执行计算时更消耗能量，传输 Ibit 信息 100m 距离需要的能量大约相当于执行 3000 条计算指令消耗的能量。在传感器网络中，传感器节点的无线通信模块在空闲状态时的能量消耗与在收发状态时相当，所以只有关闭节点的通信模块，才能大幅度地降低无线通信模块的能量开销。传感器网络通信技术旨在研究适合于传感器网络的、面向应用的、高效的 MAC 层和网络层协议和算法，在满足网络连通性（网络连通、双向连通或者多连通）的前提下，通过协议和算法自动构建高效的数据转发结构和约定机制，有效地实现自适应的关闭通信模块，进入休眠状态模式以节省能量。

（四）其他关键技术

无线传感器网络的其他关键技术如下。

1. 时间同步

时间同步是需要协同工作的无线传感器网络中的一种关键机制。每个传感器节点都有自己的本地时钟，由于不同节点的晶体振荡器频率不是完全相同的，即使在某个时刻所有节点的时钟都达到了同步，但随着时间的推移，它们的时钟也会逐渐出现一些偏差。在某些特定的应用中，传感器节点需要彼此协作去完成复杂的监测任务。如在分簇结构中，簇成员节点需要按时分多址（Time Division Multiple Access，TDMA）时隙（在空闲的时候睡眠，在需要的时候被唤醒）来完成数据的采集和传输，这就要求网络中的所有节点实现时间同步。

2．定位技术

在某些特定的无线传感器网络应用（如目标跟踪）中，位置信息是一个不可缺少的部分，没有位置信息的数据几乎没有意义，所以节点定位是无线传感器网络的关键技术之一。早期常用的定位方法是采用全球定位系统（Global Positioning System，GPS），但 GPS 结构复杂，成本较高。因此，需要研究适合于无线传感器网络的定位算法。在无线传感器网络中，根据定位时是否测量节点间的距离或角度，将定位方法分为：基于距离的定位方法和与距离无关的定位方法两类。基于距离的定位方法通过测量相邻节点间的实际距离或角度，使用三角测量、多边计算等方法来确定节点的位置。由于要实际测量节点间的距离或角度，基于距离的定位方法具有较高的精度，对节点硬件的要求也较高。与距离无关的定位方法不必实际测量节点间的距离和角度，降低了对节点硬件的要求，且该机制的定位性能受环境因素的影响较小。虽然其定位误差高于基于距离的定位方法，但定位精度能够满足无线传感器网络中大多数应用的要求。

3．网络安全

无线传感器网络是任务型的网络，需要保证任务执行的机密性、数据产生的可靠性和数据传输的安全性。传统加密算法对运算次数和速度都有比较高的要求，而传感器节点在存储容量、运算能力和能量等方面都有严格的限制，需要在算法计算强度和安全强度之间进行权衡，如何设计更简单的加密算法并实现尽可能高的安全性是无线传感器网络安全面临的主要挑战。由于攻击者可以使用性能更好的设备发起网络攻击，使得传感器网络的安全防御变得十分困难，使其很容易受到各种恶意的攻击。

4．数据融合

无线传感器网络通常采用高密度部署方式，使得相邻节点采集的数据存在很大的冗余，如果每个节点单独传送将会消耗过多的能量，并且会增加MAC 层的调度难度，容易造成冲突，降低通信效率。因此，通常要求一些节点具有数据融合功能，能够尽量利用节点的本地计算能力和存储能力对来自多个传感器节点的数据进行综合处理。数据融合技术能减少数据冗余、节省能量、提高信息准确度，但也会增加传输的时延。根据操作前后信息含量的不同，数据融合分无损融合和有损融合两种。在无损融合中，所有有效的信息将会被保留。无损融合的两个例子是时间戳融合和打包融合。在时间戳融合中，如果一个节点在一定的时间间隔内发送了多个分组，每个分组除发送时间不同外，其余内容都相同，则中间节点转发时可以丢弃缓冲区中旧的分组，只传送时间戳最新的分组；在打包融合中，多个数据分组被拼接成一个分组，合并时不改变各个分组所携带的内容，打包融合只能节省分组的头部开销。有损融合通过删除一些细节信息或降低信息质量来减少数据的传输量。

四、无线传感器网络的应用领域

随着无线传感器网络技术的不断发展，经过不同领域研究人员的演绎，无线传感器网络在军事领域、精细农业、安全监控、环保监测、建筑工程、医疗监护、工业监控、智能交通、物流管理、自由空间探索、智能家居等领域的应用得到了充分的肯定和展示。

（一）军事领域

在现代化战场上，由于没有基站等基础设施可以利用，需要借助无线传感器网络进行信息交换。无线传感器网络具有密集型、随机分布等特点，非常适合应用在恶劣的战场环境，利用传感器网络能够实现对敌军兵力和装备的监控、战场的实时监视、目标的定位、战场评估、核攻击和生物化学攻击的监测和搜索等功能。无线传感器网络为未来的现代化战争设计了一个能够集监视、定位、计算、智能、通信、控制和命令于一体的战场指挥系统。

（二）工业应用

工业是无线传感器网络应用的重要领域之一。无线传感器网络促进工业领域工业化和信息化融合发展，推动生产设备智能化、生产方式柔性化、生产组织灵巧化工业转型，提升生产水平，提高能源利用效率，减少污染物排放。无线传感器网络将具有环境感知能力的各种终端、基于泛在技术的计算模式、移动通信技术等不断融入工业生产的各个环节，可大幅度提高制造效率，改善产品质量，降低产品成本和资源消耗，将传统工业提升到智能工业的新阶段。其典型工业应用涉及冶金流程工业、石化、汽车制造工业等。

（三）精细农业

无线传感器网络可用于对影响农作物的环境条件监控，对鸟类、昆虫等小动物的运动追踪，对海洋、土壤、大气成分的探测，森林防火监测、污染监控、降雨量监测等，完成数据采集和环境监测。同时，可以根据用户需求，自动监测农业综合生态信息，为环境进行自动控制和智能化管理提供科学依据。

无线传感器网络在农业领域具有广阔的应用前景，如无线传感器网络应用于温室环境信息采集和控制、节水灌溉、环境信息和动植物信息监测、农业灌溉自动化控制等。

（四）医疗健康

基于无线传感器网络整合大型医疗中心、地区性医疗机构、社区型医疗机构等资源，把重点转移到对生命全过程的健康监测、疾病控制上来，建立同时能够为健康和不健康的人服务的健康监控、维护和管理系统。基于无线传感器网络通过整合资源和分析海量数据，运用数据挖掘和分析手段建立科学模型，提供个人自助医疗、医院移动医疗、医生与患者远程医疗等便捷、高效的智能医疗服务，使智能医疗向着更透彻的感知、更全面的互联互通、更深入的智能化方向发展，最终形成绿色、低碳、节能的生活方式。

目前，无线传感器网络在医疗领域主要应用于药品管理、监控监护、远程医疗等方面，下一步将整合医疗系统，实现资源共享，最终建立协调、协同的医疗系统，提供个性化的健康服务。根据客户需求，运营商还可以提供相关增值服务，如紧急呼叫救助服务、专家咨询服务、终身健康档案管理服务等。智能医疗系统可改善现代社会子女们因工作忙碌而无暇照顾家中老人的无奈现状。人体可携带不同的传感器，对人的体温、血压等健康参数进行监控，并将相关数据实时传送到相关的医疗保健中心，如有异常，医疗保健中心可通过手机提醒患者去医院检查身体。

（五）智能家居

智能家居是利用先进的计算机技术、网络通信技术、综合布线技术、医疗电子技术，依照人体工程学原理，融合个性需求，将与家居生活有关的各个子系统（如安防、灯光控制、窗帘控制、煤气阀控制、信息家电、场景联动、地板采暖、健康保健、卫生防疫等）有机地结合在一起，通过网络化综合智能控制和管理，实现"以人为本"的全新家居生活体验。

在智能家居安防系统中，典型的传感器有门磁感应器、窗磁感应器、煤气泄漏探测器、烟感探测器、红外感应器等。门磁感应器主要装在门及门框上，当有盗贼非法闯入时，家庭主机报警，管理主机会显示报警地点和性质。煤气泄漏探测器安装在厨房或洗浴间，当煤气泄漏到一定浓度时会报警。烟感探测器一般安装在客厅或卧室，当家居环境中的烟气浓度达到一定程度时会报警。红外感应器主要装在窗户和阳台附近，通过红外线探测非法闯入者。

另外，较新的窗台布防采用"幕帘式红外探头"，通过隐蔽的一层电子束来保护窗户和阳台。玻璃破碎探测器装在面对玻璃的位置，通过检测玻璃破碎的高频声而报警。吸顶式热感探测器安装在客厅，通过检测人体温度来报警。在智能家居灯光控制系统中，最常用的是环境光传感器。环境光传感器可以感知周围光线的情况，根据光线的强弱控制灯光。环境光传感器主要由光电元件组成。目前光电元件发展迅速，品种繁多，应用广泛。市场出售的有光敏电阻、光电二极管、光电晶体管、硅光电池等。

参考文献

[1]陈荣保.传感器原理及应用技术[M].北京:机械工业出版社,2022.03.

[2]刘任露,赵近梅.现代传感器技术及实际应用[M].陕西科学技术出版社有限责任公司,2022.06.

[3]陈雯柏.智能传感器技术[M].北京:清华大学出版社,2022.06.

[4]蔡卫明,李林功.传感器技术及工程应用[M].北京:科学出版社,2022.02.

[5]祝诗平,张星霞.传感器与检测技术[M].北京:科学出版社,2022.08.

[6]陈经文,孙东平,王盼盼.传感器与检测技术应用[M].北京:人民邮电出版社,2022.01.

[7]田梅.传感器应用与信号控制[M].重庆:重庆大学出版社,2022.03.

[8]叶湘滨.传感器与检测技术[M].北京:机械工业出版社,2022.07.

[9]邵华.传感器应用技术[M].西安交通大学出版社有限责任公司,2022.08.

[10]刘卉,许郡.传感器及应用[M].北京:清华大学出版社,2022.03.

[11]张一娇,王旭.传感器基础与应用[M].成都:四川科学技术出版社,2022.10.

[12]皇甫伟.无线传感器网络测试测量技术[M].南京:南京大学出版社,2022.03.

[13]游青山,赵悦,黄崇富.智能传感器技术应用[M].北京:科学出版社,2022.03.

[14]刘彭义.传感器原理及应用[M].广州暨南大学出版社有限责任公司,2021.08.

[15]周彦,王冬丽.传感器技术及应用[M].北京:机械工业出版社,2021.07.

[16]张熠.遥感传感器原理[M].武汉:武汉大学出版社,2021.11.

[17]刘春晖,鲁学柱,宋丽玲.汽车传感器与检测技术[M].北京:北京理工大学出版社,2021.03.

[18]刘伦富,周未,周志文.传感器应用技术第2版[M].北京:机械工业出版社,2021.06.

[19]王文成,管丰年,程志强.传感器原理与工程应用[M].北京:机械工业出版

社,2021.01.

[20]周江.传感器应用技术设计[M].成都:四川科学技术出版社,2021.04.

[21]胡向东.传感器与检测技术第4版[M].北京:机械工业出版社,2021.03.

[22]姜香菊,任冰,贺元玉.传感器原理及应用[M].北京:机械工业出版社,2020.05.

[23]闫文娟.传感器技术与应用[M].长春:东北师范大学出版社,2020.01.

[24]邓鹏.传感器与检测技术[M].成都:电子科技大学出版社,2020.01.

[25]李东晶.传感器技术及应用[M].北京:北京理工大学出版社,2020.06.

[26]齐凤河,林芳,孙影.传感器原理及应用[M].哈尔滨:哈尔滨工程大学出版社,2020.07.

[27]秦洪浪,郭俊杰.传感器与智能检测技术微课视频版[M].北京:机械工业出版社,2020.06.

[28]陈杰,蔡涛,黄鸿.传感器与检测技术[M].北京:高等教育出版社,2020.06.

[29]陈文仪,王巧兰,吴安岚.现代传感器技术与应用[M].北京:清华大学出版社,2020.01.

[30]戴蓉,刘波峰.传感器原理与工程应用[M].北京:电子工业出版社,2020.08.